国际信息工程先进技术译丛

LTE 与 LTE – A：4G 网络无线接口技术

[英] 安德烈·佩雷斯（André Perez） 著

李争平 黄 明 译

机 械 工 业 出 版 社

本书从 LTE 与 LTE - Advanced 技术出发，系统讲解 LTE 与 LTE - Advanced 无线接口所涉及的各方面知识。全书共 10 章，涵盖了 LTE 与 LTE - Advanced 的一般特性、NAS 协议、RRC 协议、数据链路层、物理层、下行链路物理信号、下行链路物理信道、上行链路物理信号、上行链路物理信道以及无线接口过程。

本书适合从事 LTE 技术发展研究的工程开发人员使用，也可作为通信工程与 LTE 相关专业的高年级本科生、研究生和教师的参考用书。

图书在版编目（CIP）数据

LTE 与 LTE - A：4G 网络无线接口技术/（英）安德烈·佩雷斯著；李争平，黄明译.—北京：机械工业出版社，2020. 3

（国际信息工程先进技术译丛）

书名原文：LTE and LTE Advanced：4G Network Radio Interface

ISBN 978-7-111-64565-8

Ⅰ. ①L… Ⅱ. ①安… ②李… ③黄… Ⅲ. ①无线电通信 - 移动网 - 研究 Ⅳ. ①TN929. 5

中国版本图书馆 CIP 数据核字（2020）第 013047 号

机械工业出版社（北京市百万庄大街 22 号　邮政编码 100037）

策划编辑：江婧婧　　　　　责任编辑：江婧婧　翟天睿
责任校对：陈　越　张　薇　封面设计：马精明
责任印制：张　博
三河市国英印务有限公司印刷
2020 年 3 月第 1 版第 1 次印刷
169mm×239mm · 14 印张 · 284 千字
0 001—1 800 册
标准书号：ISBN 978-7-111-64565-8
定价：99. 00 元

电话服务　　　　　　网络服务

客服电话：010-88361066　机 工 官 网：www.cmpbook.com
　　　　　010-88379833　机 工 官 博：weibo. com/cmp1952
　　　　　010-68326294　金 书 网：www.golden-book.com
封底无防伪标均为盗版　机工教育服务网：www.cmpedu.com

译者序

从 2018 年 12 月开始翻译本书，经过近一年的努力才全部完成。本书在翻译风格上务求忠实原著风格，在能说明清楚的情况下尽可能向读者传达作者的原意。

LTE 是无线数据通信技术标准，由于其高速率、低延迟等优点，成为移动通信发展的主流，得到世界主流通信设备商和运营商的广泛关注。因此，国内外对于 LTE 技术发展的专业研究人员需求较大，尤其是高级人才缺口较大。为了帮助学习者和研究人员对 LTE 技术能够更从容地研究应用，本书对 LTE 与 LTE - Advanced 无线接口进行系统完整的讲解，使本书能够很好地帮助读者深入理解 LTE 与 LTE - Advanced 及其接口的主要特征。

本书是译者目前看到过的关于 LTE 与 LTE - Advanced 无线接口介绍非常系统全面的一本图书。本书从 LTE 无线接口的介绍起步，随着发展过程，从其特性、协议、层、物理信号和物理信道到无线接口过程，既说明了 LTE 与 LTE - Advanced 的接口，又列出了两者的进化与区别，使得 LTE 与 LTE - Advanced 无线接口的特征概念更清晰。

本书讲解深入浅出，适合从事 LTE 技术发展研究的工程开发人员使用。本书可以帮助他们切实快速掌握 LTE 与 LTE - Advanced 无线接口的主要特征，并理解其工作原理和工作过程。

全书共 10 章，由李争平和黄明进行翻译。鲁婉晨、韦启旻、陈弘三位老师为本书的翻译工作提供了很多帮助，在此表示衷心的感谢。由于译者水平有限，译文不妥和错误之处在所难免，希望广大读者批评指正。

译者
2019 年 11 月

本书的目的是通过完整地描述 LTE 和 LTE - Advanced 无线接口技术，使得读者能够了解其主要特征。

LTE 无线接口是用户设备（UE）和演进分组系统（EPS）4G 移动网络之间的接口。

在第三代合作伙伴计划（3GPP）的版本 8 规范中介绍了 LTE 无线接口。

EPS 移动网络有以下特征：

1）在包交换（PS）模式中提供数据传输服务，EPS 网络携带的数据是单播因特网协议包；

2）版本 9 介绍了使用单播或者多播的 IP 包实现多媒体广播多播服务（MBMS）；

3）版本 9 也介绍了移动定位服务（LCS）。

LTE 无线接口可以获得 300Mbit/s 的下行比特速率以及 75Mbit/s 的上行比特速率，该接口具有以下特征：

1）20MHz 的无线信道带宽；

2）64 正交幅度调制（64QAM）；

3）4×4 多输入多输出（MIMO）下行传输模式。

版本 10 中介绍了 LTE 先进无线接口。

LTE - Advanced 无线接口下行链路可获得 3Gbit/s 的比特速率，上行链路可获得 1.5Gbit/s 的比特速率，该接口有以下特征：

1）100MHz 无线信道带宽，通过 5 个 20MHz 的无线信道载波聚合（Carrier Aggregation，CA）获得；

2）8×8MIMO 的下行链路传输模式；

3）4×4MIMO 的上行链路传输模式。

本书分为 10 章，如下表所示。

章序号	标题	内容
1	一般特性	网络体系结构
		承载类型
		无线接口
		网络过程

（续）

章序号	标题	内容
2	NAS 协议	接合
		会话建立
3	RRC 协议	系统信息
		连接控制
		测量
		广播控制
4	数据链路层	PDCP、RLC 协议和 MAC 协议
5	物理层	频率规划
		复用结构
		传输链
6	下行链路物理信号	PSS、SSS、小区特定 RS、MBSFN RS、UE 特定 RS、PRS、CSI RS 物理信号
7	下行链路物理信道	PBCH、PCFICH、PHICH、PDCCH、PDSCH、PMCH 物理信道
8	上行链路物理信号	DM - RS、SRS 物理信号
9	上行链路物理信道	PRACH、PUCCH、PUSCH 物理信道
10	无线接口过程	接入控制
		数据传输

第1章

一般特性

1.1 网络体系结构

1.1.1 EPS网络

1.1.1.1 功能结构

演进分组系统（Evolved Packet System，EPS）移动网络由演进分组核心（E-volved Packet Core，EPC）网络和演进通用陆地无线接入网络（Evolved Universal Terrestrial Radio Access Network，E-UTRAN）组成（见图1-1）。

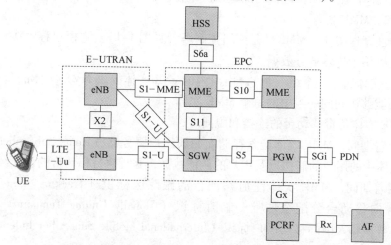

图1-1 EPS网络体系结构

E-UTRAN确保了用户设备（User Equipment，UE）的连接。EPC核心网络互联接入网络为分组数据网络（Packet Data Network，PDN）提供接口，确保移动台的连接和承载的建立。

1.1.1.1.1 eNB实体

E-UTRAN包括单一类型的实体，连接到移动设备台的演进节点B（eNB）广播站（见图1-1）。

eNB实体负责无线资源的管理，用于控制发送移动业务数据的无线承载建立以及在切换期间的移动性管理。

eNB 实体从移动台［分别从服务网关（Serving Gate Way, SGW）实体］向 SGW 实体（分别向移动台）传送业务数据。

当 eNB 实体从移动台或 SGW 实体接收数据时，其指的是用于执行数据调度机制的 QoS 类标识符（QoS Class Identifier, QCI）。

eNB 实体可以基于所分配的 QCI 来对 IP 报头的差分服务代码点（DiffServ Code Point, DSCP）字段进行标记，以将输出数据发送给 SGW 实体。

eNB 实体在无线接口上执行业务数据的压缩和加密。

eNB 实体执行与移动台交换的信令数据的加密和完整性控制。

eNB 实体执行移动终端所附属的移动性管理实体（Mobility Management Entity, MME）选择。

eNB 实体处理由 MME 发送的寻呼请求以在小区中分发。小区是 eNB 实体的无线覆盖区域。

eNB 实体还将系统信息分发给包含无线接口技术特性的小区，并允许移动台连接。

eNB 实体使用移动台进行的测量来决定在会话（切换）期间小区改变的发起。

1.1.1.1.2　MME 实体

移动性管理实体（MME）是网络控制塔（见图 1-1）。它授权移动接入并控制承载建立以用于传输业务数据。

MME 实体属于一个组（池）。由组内的 eNB 实体提供 MME 实体的负载均衡，该组必须能够访问同一组中的每个 MME 实体。

MME 实体负责移动台的连接和脱离。

在附着期间，MME 实体检索存储在归属用户服务器（Home Subscriber Server, HSS）实体中的用户的简档以及用户的认证数据，并且执行移动台的认证。

在附着期间，MME 实体注册移动台的跟踪区标识（Tracking Area Identity, TAI），并向移动台分配全球唯一临时标识（Globally Unique Temporary Identity, GUTI），替换私人国际移动用户标识（International Mobile Subscriber Indentity, IM-SI）。

MME 实体管理分配给移动台一列位置区，其中移动台可以在待机状态下行进，而不连接 MME 实体以更新其 TAI 位置区。

当附着移动设备时，MME 实体选择服务网关（SGW）和 PDN 网关（PDN Gateway, PGW）实体来构建默认承载，例如，接入互联网服务。

对于承载的构建，PGW 实体的选择从接入点名称（Access Point Name, APN）获得，由移动台或由 HSS 实体在用户简档中表达。

当移动台同时改变小区和组（池）时，源 MME 实体也选择目标 MME 实体。

MME 提供合法侦听所需的信息，例如移动状态（待机或连接状态），移动台处于待机状态时的 TAI 位置区或者移动台处于会话时小区的 E – UTRAN 小区全球标识符（E – UTRAN Cell Global Identifier，ECGI）。

1.1.1.1.3 SGW 实体

SGW 实体被组织成组（池）。为了确保 SGW 实体的负载均衡，组内的每个 eNB 实体必须能够访问同一组的每个 SGW 实体。

SGW 实体将来自 PGW 实体的输入数据转发给 eNB 实体，并将输出数据从 eNB 实体转发给 PGW 实体（见图 1-1）。

当 SGW 实体从 eNB 或 PGW 实体接收数据时，其指的是用于实现数据调度机制的 QCI。

SGW 实体可以基于为输入和输出数据分配的 QCI 来执行 IP 报头的 DSCP 字段的标记。

如果移动台不改变组，则 SGW 实体是用于系统内切换（EPS 移动网络内的移动性）的锚点。否则，PGW 实体执行此功能。

SGW 实体也是系统间切换 PSPS（分组交换）的锚点，需要将业务数据从移动台传输到第二代或第三代移动网络。

当移动台处于待机状态时，SGW 实体通知输入数据的 MME 实体，这允许 MME 实体触发对 TAI 位置区域的所有 eNB 实体的寻呼。

处于待机状态的移动台仍然附着到 MME 实体。但是，它不再连接到 eNB 实体，因此无线承载和 S1 承载被去激活。

1.1.1.1.4 PGW 实体

PGW 实体是提供 EPS 移动网络连接到 PDN 的网关路由器（见图 1-1）。

当 PGW 实体从 SGW 实体或 PDN 接收数据时，它指的是实现数据调度机制的 QCI。PGW 实体可以根据分配的 QCI 对 IP 头进行 DSCP 标记。在附着期间，PGW 实体向移动设备授予 IPv4 或 IPv6 地址。当移动台改变组时，PGW 实体构成 SGW 移动性的锚点。

PGW 实体主管策略和计费执行功能（Policy and Charging Enforcement Function，PCEF），PCEF 将关于移动业务数据的规则应用于分组滤波、计费以及要应用于承载建立的服务质量（QoS）。EPS 移动网络外部的策略与计费规则功能（Policy and Charging Rules Function，PCRF）实体向 PGW 实体的 PCEF 提供建立承载时应用的规则。PCRF 实体可以从应用功能（Application Function，AF）实体接收会话建立请求。PGW 实体产生供收费实体使用的数据以开发通过计费系统处理的记录票据。PGW 实体在合法侦听的框架内执行移动业务数据的复制。

1.1.1.2 协议架构

LTE – Uu 接口是移动台与 eNB 实体之间的参考点。

该接口支持在移动台和 eNB 实体（见图 1-2）之间交换的无线资源控制（Radio Resource Control，RRC）信令和在无线承载中传输的移动业务数据（见图1-3）。

RRC 信令还提供在移动台和 MME 实体之间交换的非接入层（Non - Access Stratum，NAS）协议的传输。

S1 - MME 接口是 MME 和 eNB 实体之间通过 S1 - AP（应用部分）协议用于信令的参考点。S1 - AP 协议还提供在移动台和 MME 实体之间交换的 NAS 协议的传输（见图 1-2）。

接口 S11 是 MME 和 SGW 实体之间通过通用分组无线业务（General Packet Radio Service，GPRS）隧道控制协议（GTPv2 - C）（见图 1-2）用于信令的参考点。

S5 接口是 SGW 和 PGW 实体之间的参考点，用于通过 GTPv2 - C 协议（见图 1-2）和通过 GPRS 隧道协议用户（GTP - U）（见图 1-3）的隧道业务数据（IP 分组）的信令。

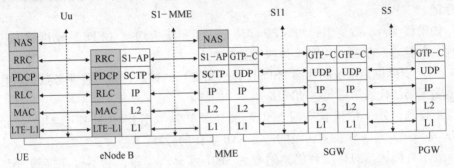

图 1-2　协议架构：控制面

阴影块是在书中描述的主题。

L2（层2）：数据链路层

L1（层1）：物理层

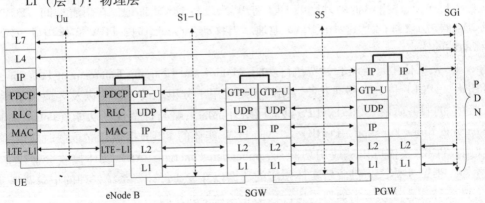

图 1-3　协议架构：业务面

阴影块是在书中描述的主题。

L7（层7）：应用层

L4（层4）：传输层

L2（层2）：数据链路层

L1（层1）：物理层

S10 接口是 MME 实体之间通过 GTPv2 – C 协议用于信令的参考点。

S1 – U 接口是 eNB 和 SGW 实体之间通过 GTP – U 协议（见图 1-3）用于隧道业务数据（IP 分组）的参考点。

SGi 接口是 PDW 实体和 PDN 数据网络（因特网）之间的参考点（见图 1-3）。

X2 接口是两个 eNB 实体之间通过 X2 – AP 协议（见图 1-4）和当移动更改小区时经由 GTP – U 协议（见图 1-5）的移动业务数据（IP 分组）的隧道用于信令的参考点。

L2（层2）：数据链路层

L1（层1）：物理层

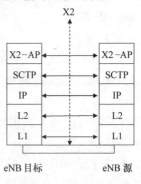

图1-4 X2 接口的协议架构：控制面

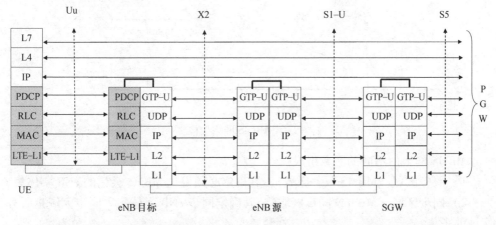

图1-5 协议架构：基于 X2 接口的切换过程中的业务面

阴影块是书中描述的主题。

L7（层7）：应用层

L4（层4）：传输层

L2（层2）：数据链路层

L1（层1）：物理层

在两个 eNB 实体之间建立的隧道是单向的（eNB 源到 eNB 目标）。它允许将从 SGW 实体接收到的业务数据转发到目标 eNB 实体。它是暂时建立的，用于移动台切换时期。

S6a 接口是 MME 和 HSS 实体之间通过 DIAMETER 协议使得能够从用户接入数

据（认证和服务配置文件）用于信令的参考点。Gx 接口是 PCRF 和 PGW 实体之间通过 DIAMETER 协议的信令参考点，关联到传输的滤波规则，QoS 和要应用于移动业务数据的计费。Rx 接口是 PCRF 和 AF 实体之间的参考点，用于通过 DIAMETER 协议发送有关会话设置请求的信令。

1.1.2　MBMS 网络

1.1.2.1　功能架构

多媒体广播多播服务（Multimedia Broadcast Multicast Service，MBMS）网络提供了一点到多点的数据传输服务，单播或多播 IP 分组从一个源发送到多个目的地（见图 1-6）。

MBMS 网络以广播方式工作，并且 MBMS 会话的 IP 分组独立于移动请求而在多播承载中传播。

单频网络上的 MBMS（MBMS over Single Frequency Network，MBSFN）功能可以从多个同步的 eNB 实体发送相同的 IP 分组。这种安排改善了移动台接收到的信号的质量。

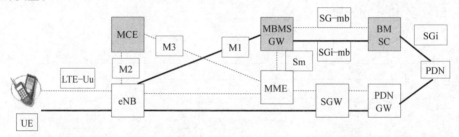

图 1-6　MBMS 网络架构

MBMS 网络由不同的区域组成：

1）服务区域（MBMS 服务区域），其确定必须发送 MBMS 会话的 eNB 实体集。

2）同步区域（MBSFN 同步区域），其确定同步 eNB 实体集。同步区域是服务区域的子集。

3）MBSFN 区域为 MBMS 会话的同时传输确定协调 eNB 集。MBSFN 区域是 MBSFN 同步区域的子集。一个 eNB 实体可以属于几个 MBSFN 区域（最多 8 个）。

4）保留小区的区域（MBSFN 区域保留小区）确定不涉及 MBSFN 传输会话的 eNB 实体。

1.1.2.1.1　BM - SC 实体

广播多播业务中心（Broadcast Multicast Service Centre，BM - SC）实体是 MBMS 网络中业务流的输入点。

BM - SC 实体在认证过程之后注册移动台。

BM - SC 实体向移动台宣布 MBMS 会话开始。

BM - SC 实体发起启动、修改和终止 MBMS 会话的过程。

BM - SC 实体将临时移动组标识（Temporary Mobile Group Identity，TMGI）归入会话。

BM - SC 实体定义与 MBMS 会话相关联的服务质量（Quality of Service，QoS）参数。

BM - SC 实体使用 SYNC 协议传输数据，确保通过 eNB 实体集同步它们的传送。

1.1.2.1.2 MBMS GW 实体

MBMS 网关（MBMS GW）实体可以在特定设备中实现或者与 BM - SC 或 SGW 实体集成。

MBMS GW 实体将 IP 多播地址分配给承载，以将数据传递给 eNB 实体。

MBMS GW 实体参与启动、修改和终止 MBMS 会话的过程。

1.1.2.1.3 MCE 实体

多小区/多播协调实体（Multi - cell/Multicast Coordination Entity，MCE）可以在控制 eNB 实体集或与 eNB 实体集成的特定设备中实现。

MCE 实体参与启动、修改和终止 MBMS 会话的过程。

MCE 实体为 MBMS 会话分配无线资源并进行准入控制。

MCE 实体定义应用于无线接口的调制和编码方案（Modulation and Coding Scheme，MCS）。

MCE 实体根据分配和保留优先级（Allocation and Retention Priority，ARP）参数执行资源的抢先占用。

MCE 实体初始化 MBMS 会话中涉及的移动台的计数过程。

1.1.2.2 协议架构

SG - mb 接口是 BM - SC 和 MBMS GW 实体之间用于信令的参考点，通过 DIAMETER 协议来启动、修改或终止 MBMS 会话。

SGi - mb 接口是 BM - SC 和 MBMS GW 实体之间对应于 MBMS 会话的 IP 分组和用于 eNB 实体同步的 SYNC 协议的参考点。

Sm 接口是 MBMS GW 与 MME 实体之间用于信令的参考点，通过 GTPv2 - C 协议来启动、修改或终止 MBMS 会话。

M3 接口是 MME 和 MCE 实体之间用于信令的参考点，通过 M3 - AP 协议来启动、修改或终止 MBMS 会话。

M2 接口是 MCE 与 eNB 实体之间通过 M2 - AP 协议进行信令传输的参考点，具体功能如下：

1）开始、修改或终止 MBMS 会话；

2）对 MBMS 会话的终端用户进行计数；

3）在无线接口上配置物理信道。

M1 接口一方面是 MBMS GW 实体；另一方面是参与分配 MBMS 会话的所有

eNB 实体之间的参考点，用于通过 GTP-U 协议的隧道传输业务数据（MBMS 会话的 IP 分组）。

1.1.3 LCS 网络

1.1.3.1 功能架构

定位服务（Location Service，LCS）网络为移动台提供定位服务，以及可选的移动速度（见图 1-7）。

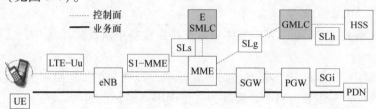

图 1-7 LCS 网络架构

LCS 网络使用不同的方法来定位移动设备：

1）观测到达时间差（Observed Time Difference Of Arrival，OTDOA）机制由在移动台测量的两个不同信号之间的接收时间差；

2）基于卫星的全球导航卫星系统（Global Navigation Satellite System，GNSS）；

3）基于由 eNB 实体和移动设备进行的测量［例如参考信号接收功率（Reference Signal Received Power，RSRP）、往返时间（Round Trip Time，RTT）或到达角（Angle of Arrival，AoA）］的增强型小区标识（Enhanced Cell Indentity，E-CID）机制。

1.1.3.1.1 E-SMLC 实体

演进的服务移动位置中心（Evolved Serving Mobile Location Centre，E-SMLC）实体实现移动台的定位。E-SMLC 实体协调对移动台和 eNB 实体的资源使用和对话以检索用于定位移动台的信息。在基于移动台（基于 UE）的模式下，移动台执行测量并估计其位置。在辅助移动（UE 辅助）的模式中，移动台执行测量，并且 E-SMLC 实体提供移动台的估计位置。在 eNB 实体被辅助（eNB 辅助）的模式中，eNB 实体执行测量，并且 E-SMLC 实体提供移动台的估计位置。表 1-1 提供了方法和移动定位模式之间的对应关系。

表 1-1 方法和移动定位模式

方法	基于 UE	UE 辅助	eNB 辅助
OTDOA	否	是	否
GNSS	是	是	否
E-CID	否	是	是

1.1.3.1.2 GMLC 实体

网关移动位置中心（Gateway Mobile Location Centre，GMLC）实体是希望获得移动台位置信息的外部客户的 LCS 网络接入点。

GMLC 实体从 HSS 实体恢复附着移动台 MME 实体的身份，然后发送移动位置请求并检索移动台位置信息。

1.1.3.2 协议体系结构

SLs 接口是 E – SMLC 和 MME 实体之间的参考点，用于通过 LCS – AP 协议发送与移动位置请求有关的信令。

移动台和 E – SMLC 实体之间交换的 LTE 定位协议（LTE Positioning Protocol，LPP）由 LCS – AP 和 NAS 协议承载（见图 1-8）。

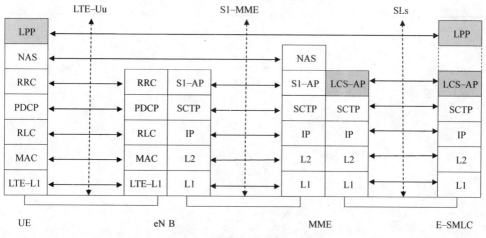

图 1-8 协议架构：LPP 传输

eNB 和 E – SMLC 实体之间交换的 LPPa 协议由 LCS – AP 和 S1 – AP 协议承载（见图 1-9）。

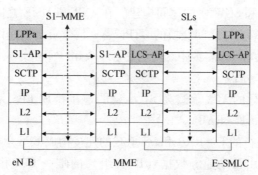

图 1-9 协议架构：LPPa 协议传输

LPP 和 LPPa 协议允许交换与移动位置机制有关的信息。

SLg 接口是 MME 和 GMLC 实体之间的参考点，用于通过 DIAMETER 协议发送与移动位置请求有关的信令。

SLh 接口是 GMLC 和 HSS 实体之间的参考点，用于通过 DIAMETER 协议恢复附着移动台的 MME 实体的身份的信令。

1.2　承载类型

1.2.1　承载架构

EPS 移动网络将业务数据（IP 分组）透明地传送到执行分组路由的实体 PDN 网关（PGW）。互联网协议（Internet Protocol，IP）分组被传送到 EPS 移动网络实体之间构建的承载中（见图 1-10）。

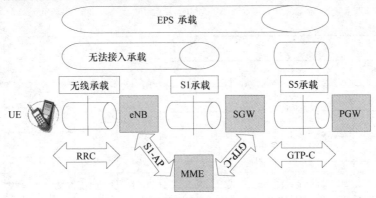

图 1-10　承载构建

数据无线承载（Data Radio Bearer，DRB）是在用户设备（UE）和 eNB 实体之间构建的。在移动台和 eNB 实体之间交换的无线资源控制（Radio Resource Control，RRC）信令负责构建该承载。

S1 承载在 eNB 和 SGW 实体之间构建。在 eNB 和 MME 之间交换的 S1-AP 信令和在 MME 和 SGW 实体之间交换的 GTPv2-C 信令负责构建该承载。

S5 承载在 SGW 和 PGW 实体之间构建。SGW 和 PGW 实体之间交换的 GTPv2-C 信令负责构建这个承载。

由 eNB 实体执行的无线承载与 S1 承载的连接构成 EPS 无线接入承载（EPS Radio Access Bearer，E-RAB）。

由 SGW 实体执行的 E-RAB 和 S5 承载的连接构成 EPS 承载。

PGW 实体是路由移动业务数据（IP 分组）的唯一 EPS 移动网络实体。允许 EPS 网络实体路由 S1 或 S5 承载之间的 IP 传输网络通信。

eNB 和 SGW 实体不执行路由，它们只提供承载之间的连接。EPS 移动网络中有两种承载类型：

1）附着移动台时建立的默认承载；

2）根据移动台的特定请求建立的专用承载。

业务数据在 EPS 承载上传输，承载可以携带具有相同 QoS 的多个业务数据。

1.2.2 服务质量

EPS 承载可以是保证比特率（Guaranteed Bit Rate，GBR）类型或者是非 GBR 类型。表 1-2 提供了与这两个承载相关的 QoS 特性。

表 1-2 QoS 特性

QoS 特性	GBR	非 GBR
QCI（QoS 等级标识）	√	√
ARP（分配和保留优先级）	√	√
GBR（保证比特率）	√	
MBR（最大比特率）	√	
APN - AMBR（聚合最大比特率）		√
UE - AMBR		√

QCI 参数表示优先级、延迟和丢包率（见表 1-3）。

1~4 的 QCI 被分配给 GBR 承载。

5~9 的 QCI 被分配给非 GBR 承载。

表 1-3 QCI 参数特性

QCI	资源类型	优先级	延迟	丢包率	服务实例
1	GBR	2	100ms	10^{-2}	语音
2		4	150ms	10^{-3}	视频通话
3		3	50ms	10^{-3}	游戏
4		5	300ms	10^{-6}	视频
5	非 GBR	1	100ms	10^{-6}	SIP 信令
6		6	300ms	10^{-6}	视频、互联网
7		7	100ms	10^{-3}	语音、视频、游戏
8		8	300ms	10^{-6}	视频、互联网
9		9			

在 eNB、SGW 和 PGW 实体级别实施的业务数据的调度基于 QCI 优先级。

比特率控制是从用于保证比特率承载的 GBR 和 MBR 参数完成的。对 eNB 和 PGW 实体中的每个承载进行控制，以用于 EPS 移动网络中的输入数据。比特率控制是根据非 GBR 承载的 APN - AMBR 和 UE - AMBR 参数完成的。该控制是针对移动台的非 GBR 承载的聚合比特率执行的。由 PGW 实体控制的 APN - AMBR 参数对应于在 PGW 实体级别上使用非 GBR 承载授权的所有移动流的最大比特率。由 eNB

实体控制的 UE - AMBR 参数对应于在 eNB 实体级别上使用非 GBR 承载授权的所有移动流的最大比特率。

在 eNB 和 PGW 实体级别抢先占用的实施对应于定义以下信息的 ARP 参数：

1）抢先占用能力：如果资源不可用，那么这个参数用于建立一个新的会话。此参数确定新会话是否可以抢先占用现有会话。

2）抢先占用漏洞：此参数由现有会话使用，将该参数与新会话的抢先占用能力参数进行比较，以确定现有会话是否可以被抢先占用。

3）优先级：此参数决定了与抢先占用相关的优先级，该优先级独立于为 QCI 参数设置的优先级。

与默认承载有关的 QoS 参数（QCI、ARP 和 APN - AMBR）被存储在归属用户服务器（Home Subscriber Server，HSS）实体中。策略和计费规则功能（Policy and Charging Rules Function，PCRF）单元实体可以更改这些值。与专用承载有关的 QoS 参数（QCI、ARP、GBR 和 MBR）被存储在与 PCRF 实体相关联的签约数据仓库（Subscription Profile Repository，SPR）实体中。MME 实体将 HSS 实体提供的 UE - AMBR 参数替换为不同的 APN - AMBR 参数之和，只要小于 HSS 实体指示的值即可。

1.3　无线接口

LTE 无线接口是在第三代合作伙伴计划（3rd Generation Partnership Project，3GPP）规范的版本 8 中引入的。LTE - Advanced 无线接口在版本 10 中引入。

1.3.1　无线接口的结构

在用户设备（UE）和 eNB 实体之间的 LTE - Uu 无线接口上，对应于 IP 分组的业务数据和对应于无线资源控制（RRC）消息的信令数据被分解为三个子层的数据链路层封装（见图 1-11）：

1）分组数据汇聚协议（Packet Data Convergence Protocol，PDCP）；

2）无线电链路控制（Radio Link Control，RLC）协议；

3）媒体访问控制（Medium Access Control，MAC）协议。

定义了三种类型的信道（见图 1-11）。

1）逻辑信道定义在 RLC 和 MAC 子层之间的接口的数据结构。

2）传输信道定义 MAC 子层和物理层之间的接口的数据结构。

3）物理信道定义了构成物理层的两个部分之间的数据结构，首先是编码，其次是调制和复用。

RRC 消息可以携带在移动台和 MME 实体之间交换的非接入层（Non - Access Stratum，NAS）消息。

1.3.2　NAS 协议

NAS 协议是移动台与 MME 实体之间交换的信令。它通过 LTE - Uu 无线接口上

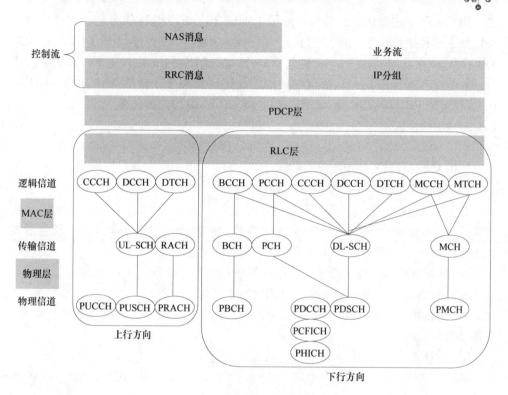

图 1-11 无线接口结构

的 RRC 协议以及 S1 – MME 接口上的 S1 – AP 协议传送。

NAS 协议由以下两个协议组成：

1）EPS 移动性管理（EPS Mobility Management，EMM）协议负责控制移动性和安全性；

2）EPS 会话管理（EPS Session Management，ESM）协议负责会话建立的控制。

移动台可处于两种操作状态，即注册状态（EMM – REGISTERED）或非注册状态（EMM – DEREGISTERED）。在非注册状态下，移动台不附着到 MME，因此无法进行通信。转到注册状态由移动台的附着完成，其包括以下四个过程：

1）移动台和 MME 实体的相互认证；

2）将移动台的跟踪区识别码（Tracking Area Identifier，TAI）注册到 MME 实体；

3）为移动台提供全球唯一临时标识符（Globally Unique Temporary Identifier，GUTI）；

4）建立默认承载。

如果移动台脱离，或者移动台的附着、位置或服务请求的更新被 MME 实体拒绝，则发生到非注册状态的转换。除了 EMM - REGISTERED 状态之外，移动台还可以处于两种操作状态，即空闲状态（EMM - IDLE）或连接状态（EMM - CONNECTED）。在空闲状态下，未建立 NAS 协议、LTE - Uu 接口上的 RRC 协议或 S1 - MME 接口上的 S1 - AP 协议的传输。在连接状态下，激活 NAS 协议、LTE - Uu 接口上的 RRC 协议和 S1 - MME 接口上的 S1 - AP 协议的传输。

1.3.3　RRC 协议

RRC 协议是 LTE - Uu 无线接口上在移动台与 eNB 实体之间交换的信令。

RRC 协议执行以下功能：

1）分配与无线接口特性有关的系统信息。

2）RRC 连接的控制：该过程包括寻呼建立，修改和释放分配给信令无线承载（SRB）和数据无线承载（DRB）的无线承载。该过程还包括安全激活，其包括建立用于加密业务数据和信令以及用于信令完整性控制的机制。

3）切换的控制：在两个实体 eNB（系统内切换）之间或 eNB 实体与第二或第三代移动网络实体（系统间切换）之间执行小区切换的过程。

4）测量报告：eNB 实体可以在移动台周期性地或者根据请求开始进行测量，以准备切换。

5）在移动台和 MME 实体之间传输 NAS 消息。

移动台可处于两种操作状态，即空闲状态（RRC - IDLE）或连接状态（RRC - CONNECTED）。

在空闲状态下，移动台对于 eNB 实体是未知的并且保持在这个状态，直到该状态完成建立 RRC 连接的过程。当移动台需要传输业务数据或信令时，转换到连接状态，由移动台初始化。

在连接状态下，移动台被分配小区无线网络临时标识（Cell Radio Network Temporary Identity，C - RNTI）。

1.3.4　数据链路层

1.3.4.1　PDCP

PDCP 用于与专用控制数据有关的 RRC 信令消息，以及用于 IP 分组业务数据。

PDCP 执行以下功能：

1）使用鲁棒性报头压缩（Robust Header Compression，ROHC）机制压缩业务数据报头；

2）业务数据（机密性）和 RRC 信令（完整性和机密性）的安全性；

3）按顺序发送 RRC 消息和 IP 分组；

4）恢复在切换期间丢失的 PDCP 帧。

几个 PDCP 实例可以同时激活：

1）与 RRC 信令数据有关的 SRB1 的两个实例，以及 SRB2；

2）SRB1 承载用于传输可以携带 NAS 消息的 RRC 消息；

3）SRB2 承载仅用于传输 NAS 消息;

4）与业务数据有关的每个 DRB 无线电承载的一个实例。

1.3.4.2 RLC 协议

RLC 协议提供对移动站和 eNB 实体之间的无线电链路的控制。

移动台可以同时激活多个 RLC 实例，每个实例对应一个 PDCP 实例。

RLC 协议以三种模式运行：

1）确认模式（Acknowledged Mode，AM）;

2）非确认模式（Unacknowledged Mode，UM）;

3）没有报头添加到数据的透明模式（Transparent Mode，TM）。

RLC 协议执行以下操作：

1）通过自动重发请求（Automatic Repeat reQuest，ARQ）机制在错误情况下重传，仅用于确认模式;

2）在确认和非确认模式下的 PDCP 帧的级联、分段和重组;

3）在重传 RLC 帧期间，在确认模式下可以重新分配 PDCP 帧;

4）接收数据的重新排序，包括确认和非确认模式;

5）在确认和非确认模式下检测重复数据。

1.3.4.3 MAC 协议

MAC 协议提供以下功能：

1）在一个或两个传输块中复用来自多个实例的 RLC 帧;

2）通过调度机制进行资源分配;

3）通过混合自动重传请求（Hybrid Automatic Repeat reQust，HARQ）机制在错误的情况下管理重传;

4）管理随机访问程序。

1.3.5 逻辑信道

广播控制信道（Broadcast Control Channel，BCCH）是单向公共控制信道，仅在下行链路方向用于广播主信息块（Master Information Block，MIB）和系统信息块（System Information Block，SIB）消息。寻呼控制信道（Paging Control Channel，PCCH）是单向的公共控制信道，仅在下行链路方向上用于传送 RRC 寻呼消息。公共控制信道（Common Control Channel，CCCH）是双向公共控制信道，用于在移动台尝试连接到 eNB 实体时传送第一 RRC 信令消息。

专用控制信道（Dedicated Control Channel，DCCH）是当移动台连接到 eNB 实体时用于传送 RRC 消息的双向信道。

专用业务信道（Dedicated Traffic Channel，DTCH）是专用双向信道，用于传输单播 IP 分组。

多播控制信道（Multicast Control Channel，MCCH）是用于发送与以广播方式发送的 IP 分组相关的 RRC 消息的单向信道。

多播业务信道（Multicast Traffic Channel，MTCH）是一种单向信道，用于以广播方式向移动台传输 IP 分组。

1.3.6　传输信道

1.3.6.1　下行方向

广播信道（Broadcast Channel，BCH）支持与 MIB 系统信息消息相关的 BCCH 逻辑信道。寻呼信道（Paging Channel，PCH）支持 PCCH 逻辑信道。下行链路共享信道（Downlink Shared Channel，DL – SCH）复用与 SIB 系统信息消息有关的 CCCH、DCCH、DTCH 和 BCCH 逻辑信道。如果在广播模式下发送的 IP 分组涉及的移动台的数量低，则 MCCH 和 MTCH 被映射到 DL – SCH 传输信道。如果在广播模式下发送的 IP 分组涉及的移动台的数量是显著的，则多播信道（Multicast Channel，MCH）复用 MCCH 和 MTCH 逻辑信道。

1.3.6.2　上行方向

随机接入信道（Random Access Channel，RACH）不传输逻辑信道，它被移动台用于随机接入 eNB 实体。RACH 仅携带前导码来初始化与 eNB 实体的连接。上行链路共享信道（Uplink Shared Channel，UL – SCH）复用 DCCH、CCCH 和 DTCH 逻辑信道。

1.3.7　物理层

传输链由两个子集组成：

1) 对于每个传输方向，第一子集包括错误检测和纠错码以及比特率匹配。

2) 对于下行链路方向，第二子集包括调制、空间层上的映射、预编码、资源单元上的映射和快速傅里叶逆变换（Inverse Fast Fourier Transform，IFFT）以生成正交频分多址（Orthogonal Frequency Division Multiple Access，OFDMA）信号。

3) 对于上行链路方向，第二子集包括调制、资源单元上的映射和快速傅里叶逆变换。单载波频分多址（Signal Carrier Frequency Division Multiple Access，SC – FDMA）信号的生成引入了快速傅里叶变换（Fast Fourier Transform，FFT）。空间层上的映射和预编码仅在版本 10 中实现。

支持的两种传输方向使用频分双工（Frequency Division Duplex，FDD）模式下匹配的两个带宽或时分双工（Time，Division Duplex，TDD）模式下的单个带宽。对于 FDD 模式，每个传输方向在指定的带宽内同时工作；对于 TDD 模式，两个传输方向在相同的带宽内交替工作。这意味着每个方向都被分配了一部分时间。无线信道的带宽是灵活的，可以采取几个值：1.4MHz，3MHz，5MHz，10MHz，15MHz 和 20MHz。载波聚合（Carrier Aggregation，CA）涉及结合使用多个分量载波（Component Carrier，CC）或无线电信道来增加小区比特率。可以在五个无线电信道上进行聚合，使最大带宽达到 100MHz。无线电信道在具有 15kHz 或 7.5kHz 的子载波间隔的正交频分复用（Orthogonal Frequency Division Multiplexing，OFDM）的频域中形成。无线电信道由时域中的 10ms 帧组成，每个帧包括时隙，每个时隙包括 OFDM 符号。无线电信道上的传输系统有四种模式（见图 1-12）。应该注意的是，术语输入被应用到无线电信道的输入端，而术语输出被应用到相同信道的输出端。单输入单输出（Single Input Single Output，SISO）模式是使用发射和接收天线的基本信号传播模式。

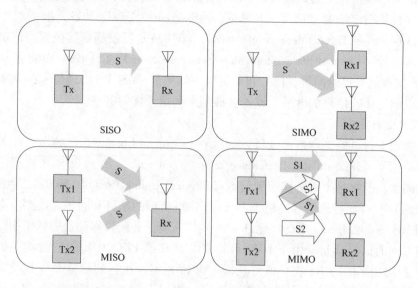

图 1-12 传输方式

单输入多输出（Single Input Multiple Output，SIMO）模式的特点是使用单个发射天线和多个接收天线。SIMO 模式通常被称为接收分集，传输的比特率与 SISO 模式相同。另一方面，接收信号的选择允许接收机防止无线电信号的衰落。

多输入单输出（Multiple Input Single Output，MISO）模式具有多个发射天线和一个接收天线，在发射天线上发射相同的信号。MISO 模式通常被称为发射分集。与 SIMO 模式不同，MISO 模式允许接收机防止无线电信号的衰落。MISO 模式还用于通过控制发射信号的不同相位来形成指向移动台的波束（波束成形）。多输入多输出（Multiple Input Multiple Output，MIMO）使用多个天线进行发送和接收，它通过允许在相同的频率同时传输多个不同的信号来提高比特率。

1.3.8 物理信号

1.3.8.1 下行方向

主同步信号（Primary Synchronization Signal，PSS）确保 OFDMA 信号的频率同步和半帧级的时间同步。辅助同步信号（Secondary Synchronization Signal，SSS）提供帧级的时间同步。小区特定参考信号（Reference Signal，RS）是用基于无线电信道的传递函数的计算来执行接收信号的相干解调的小区特定的信号。小区特定 RS 物理信号允许测量接收信号的 RSRP 和参考信号接收质量（Reference Signal Received Quality，RSRQ）。MBMS 单频网参考信号（MBMS Single Frequency Network Reference Signal，MBSFN RS）仅在物理多播信道（Physical Multicast Channel，PMCH）中传输，以对接收到的信号进行相干解调。UE 特定 RS 物理信号是用于对接收到的信号执行相干解调的移动台的特定信号，测量接收到的信号功率并形成波束。移动台使用定位参考信号（Positioning Reference Signal，PRS）根据观察到达时间差（Observed Time Difference of Arrival，OTDOA）机制确定其位置。信道状态信息参考信号（Channel State Information Reference Signal，CSI RS）改善了从小区特定 RS 物理信号提供的接收信号和干扰电平的测量。CSI RS 物理信号的功率或者被发送以确定接收信号的电平，或者被抑制来测量干扰的电平。

1.3.8.2　上行方向

与物理上行链路共享信道（Physical Uplink Shared Channel，PUSCH）相关联的解调参考信号（Demodulation Reference Signal，DM‑RS）用于 PUSCH 物理信道的估计和同步。与物理上行链路控制信道（Physical Uplink Control Channel，PUCCH）相关联的 DM‑RS 物理信号被用于 PUCCH 物理信道的估计和同步。探测参考信号（Sound Reference Signal，SRS）允许 eNB 实体在高于分配给移动台的频带中测量上行链路方向的信号质量。由于 DM‑RS 与 PUSCH 或 PUCCH 物理信道相关联，所以该测量不能由 DM‑RS 物理信号获得。由 eNB 实体执行的测量允许其设置针对上行链路方向分配给移动台的资源的频率位置以及调制和编码方案（Modulation and Coding Scheme，MCS）。

1.3.9　物理信道

1.3.9.1　下行方向

物理广播信道（Physical Broadcast Channel，PBCH）发送包含对应于 MIB 消息的系统信息的 BCH 传输信道。

物理控制格式指示符信道（Physical Control Format Indicator Channel，PCFICH）发送指示物理下行链路控制信道（Physical Downlink Control Channel，PDCCH）大小的控制格式指示符（Control Format Indicator，CFI）。物理 HARQ 指示符信道（Physical HARQ Indicator Channel，PHICH）发送指示针对在物理上行链路共享信道（PUSCH）中接收到的上行链路数据的肯定（ACK）或否定（NACK）确认的 HARQ 指示符（HARQ Indicator，HI）。

PDCCH 物理信道传输下行链路控制信息（Downlink Control Information，DCI）。

1）为物理下行链路共享信道（Physical Downlink Shared Channel PDSCH）和 PUSCH 物理信道中包含的数据分配资源和调制和编码方案；

2）PUCCH 和 PUSCH 物理信道的传输功率。

PDSCH 物理信道发送 DL‑SCH 和 PCH 传输信道，物理多播信道（Physical Multicast Channel，PMCH）发送 MCH 传输信道。

1.3.9.2 上行方向

物理随机接入信道（Physical Random Access Channel，PRACH）包含移动台需要执行随机接入时使用的前导码，该随机接入是移动台到 eNB 实体连接的第一阶段。

PUCCH 物理信道使用三种格式来传输上行链路控制信息（Uplink Control Information，UCI）：

1）格式 1、1a 和 1b 传输与调度请求相关的 UCI，以获得 PUSCH 物理信道上的资源以及 PDSCH 物理信道上接收到的数据对应于 HARQ 机制的肯定（ACK）或否定（NACK）确认。

2）格式 2、2a 和 2b 传输与在 PDSCH 物理信道上接收到的信号的信号状态报告有关的 UCI 以及与肯定（ACK）或否定（NACK）确认相关的 UCI。

3）格式 3 通过将其适配到版本 10 中引入的无线电信道的聚合来传输与格式 1 相同的信息。

PUSCH 物理信道发送 UL - SCH 传输信道和 UCI。对于版本 8 和版本 9，不支持同时传输 PUSCH 和 PUCCH 物理信道。在 PUSCH 物理信道中传输 UCI，一方面与业务数据或 RRC 控制的传输一起执行；另一方面用于传输周期性的 UCI 报告。对于版本 10，支持 PUSCH 和 PUCCH 物理信道的同时传输。当需要将业务数据或 RRC 传送到 PUSCH 物理信道时，维持 PUCCH 物理信道中 UCI 的传输。

1.3.10 移动台类别

移动台类别确定 LTE - Uu 无线电接口上下行链路和上行链路方向的最大比特率（见表1-4）。

表1-4 移动台类别

无线接口	LTE					LTE - Advanced		
类别	1	2	3	4	5	6	7	8
下行链路比特速率/Mbit/s	10	50	100	150	300	300	300	3000
上行链路比特速率/Mbit/s	5	25	50	50	75	50	100	1500
带宽/MHz	20	20	20	20	20	2×20DL	2×20DL UL	5×20DL UL
调制 DL	64QAM	64QAM	64QAM	64QAM	64QAM	64QAM	64QAM	64QAM
调制 UL	16QAM	16QAM	16QAM	16QAM	16QAM	16QAM	16QAM	64QAM
MIMO DL	N. A.	2×2	2×2	2×2	4×4	2×2	2×2	8×8
MIMO UL	N. A.	N. A.	N. A.	N. A.	N. A.	N. A.	N. A.	4×4

注：DL：下行链路；UL：上行链路。

最大比特率取决于无线电接口的最佳特性（调制、无线电信道带宽、MIMO 机制）以及移动台处理无线电条件允许的比特率的能力。类别 1～5 的移动台是版本 8 中定义的 LTE 移动台。类别 6～8 的移动台是版本 10 中定义的 LTE - Advanced 移动台。鉴于类别 5 的移动台的 4×4MIMO 处理难度，引入类别 6 和 7 的移动台以通过保持 2×2MIMO 和使无线电信道的带宽加倍来获得用于下行链路方向的

300Mbit/s比特率。类别7移动台允许通过将无线电信道的带宽加倍并避免使用64正交幅度调制（64QAM）来超过上行链路方向的类别5的移动台的75Mbit/s比特率。

1.4 网络过程

1.4.1 连接过程

连接过程由移动台在下列情况下启动：

1）用户打开移动台并连接到网络；

2）移动台处于空闲状态，必须更新其位置；

3）移动台处于空闲状态，想要建立会话；

4）移动台处于空闲状态，输入数据为其服务；

5）移动台在会话期间进行切换。

连接过程之前是第4章中描述的随机访问过程。当建立连接时，使用公共控制信道（Common Control Channel，CCCH）的信令无线承载0（SRB0）的RRC"连接请求"消息被发送到eNB实体。

eNB实体通过提供专用控制信道（Dedicated Control Channel，DCCH）的逻辑信道标识符（Logical Channel Indentifier，LCID）和SRB1参数的RRC"连接建立"消息来响应移动台。移动台通过发送RRC"连接建立完成"消息来确认DCCH逻辑信道的SRB1的建立。

1.4.2 接合过程

在连接过程结束时，移动台启动接合过程，包括以下步骤：

1）用户设备（User Equipment，UE）和对应于认证和密钥协商（Authentication and Key Agreement，AKA）机制的移动性管理实体（Mobile Management Entity，MME）之间的相互认证；

2）非接入层（Non-Access Stramtum，NAS）消息的安全性；

3）将跟踪区识别码（Tracking Area Identity，TAI）注册到MME实体；

4）建立默认承载；

5）授予全球唯一临时标识符（Globally Unique Temporary Identity，GUTI）。

移动台接合过程如图1-13和图1-14所示。

1）当移动台向MME实体发送包含国际移动用户识别码（International Mobile Subscriber Indentity，IMSI）的"EMM附着请求"消息时，触发接合过程。"EMM附着"消息携带"ESM PDN连接请求"消息。"EMM附着请求"消息由LTE-Uu无线接口上的RRC"连接设置完成"消息和S1-MME接口上的"S1-AP UE初始"消息携带。"S1-AP UE初始"消息包含移动台的TAI位置区和E-UTRAN小区全球标识符（E-UTRAN Cell Global Indentifier，ECGI）。

2）在接收到"EMM附着请求"消息时，MME实体在"DIAMETER认证信息

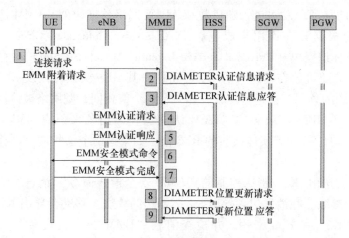

图 1-13 移动台接合过程：NAS 消息认证和保护

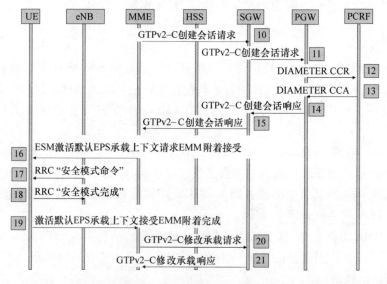

图 1-14 移动台接合过程：默认承载和无线接口的安全参数的建立

请求"消息中向归属用户服务器（Home Subscriber Server，HSS）实体请求移动台的密码数据。

3）HSS 实体使用移动台的随机数（RAND）和 Ki 密钥生成密码数据，并将其发送到"DIAMETER 认证信息应答"消息中的 MME 实体。密码数据包含随机数、移动 RES 认证码、AUTN 网络认证码和 K_{ASME} 密钥。

MME 实体从 K_{ASME} 密钥中生成 CK_{NAS}、IK_{NAS} 和 K_{eNB} 密钥。

① CK_{NAS} 密钥用于加密 NAS 消息；

② IK_{NAS} 密钥用于控制 NAS 消息的完整性；

③ K_{eNB} 密钥被传送给 eNB 实体。

4）MME 实体向移动台发送包含随机数和 AUTN 网络认证码的"EMM 认证请求"消息。移动台根据其在通用集成电路卡（Universal Integrated Circuit Card, UICC）的通用服务标识模块（Universal Service Indentity Module, USIM）中存储的 Ki 密钥和从接收到的随机数在本地计算 K_{ASME} 密钥、其 RES 认证码以及 AUTN 网络认证码，并与收到的 AUTN 值进行比较。如果这两个值相同，则网络被认证。

5）移动台用包含 RES 认证码的"EMM 认证响应"消息来响应 MME 实体。MME 实体比较从移动台和 HSS 实体接收的 RES 值。如果这两个值相同，则移动台被认证。

6）MME 实体发送由 IK_{NAS} 密钥控制的"EMM 安全模式命令"消息，从而启用 NAS 信令的安全参数。此消息包含导出 K_{ASME} 密钥的算法。移动台导出 K_{ASME} 密钥来生成 CK_{NAS}、IK_{NAS} 和 K_{eNB} 密钥，并检查消息"EMM 安全模式命令"的完整性。

7）移动台用 CK_{NAS} 密钥加密并用 IK_{NAS} 密钥控制"EMM 安全模式完成"消息进行响应。在相互认证阶段和 NAS 消息的保护之后，MME 实体将移动台注册到 HSS 实体。

8）MME 发送"DIAMETER 位置更新请求"消息给 HSS 实体来注册移动台并获取其个人资料。HSS 实体注册附着移动台和 TAI 位置区的 MME 实体的标识。

9）HSS 实体用包含移动台简档的"DIAMETER 应答位置更新"消息来响应 MME 实体：

① 接入点名称（Access Point Name, APN）；

② 必须建立的每个默认承载的服务质量（Quality of Service, QoS）特性。

MME 实体选择其组中的服务网关（SGW）实体和 APN 的域名服务器（DNS）解析中的 PDN 网关（PGW）实体。

10）MME 实体发送"GTPv2 – C 创建会话请求"消息以在 SGW 实体处创建上下文。"GTPv2 – C 创建会话请求"消息包含 PGW 实体的互联网协议（IP）地址、APN 和默认承载简档。

11）SGW 实体发送"GTPv2 – C 创建会话请求"消息来创建一个在 PGW 实体的上下文。"GTPv2 – C 创建会话请求"消息包含 PGW 实体将在 S5 承载的 GPRS 隧道协议用户（GPRS Tunneling Protocol User, GTP – U）协议层上使用的隧道端点标识符（Tunnel Endpoint Identifier, TEID）。

12）PGW 实体发送策略和计费规则功能（Policy and Charging Rules Function, PCRF）"DIAMETER CCR（信用控制请求）"消息来授权打开默认承载。PCRF 实体将移动台的配置文件与为网络定义并存储在签约数据仓库（Subscription Profile Repository, SPR）实体中的规则进行比较。

13）PCRF 实体通过包含要应用于默认承载规则（滤波参数、计费模式）的"DIAMETER CCA（信用控制应答）"消息来响应 PGW 实体。

14）PGW 实体通过包含以下信息的"GTPv2 – C 创建会话响应"消息来响应 SGW 实体：

① SGW 实体将在 GTP – U 协议层使用用于 S5 承载的 TEID；

② 移动台配置（移动台的 IP 地址，其 DNS 服务器的 IP 地址）。

15）SGW 实体使用包含以下信息的"GTPv2 – C 创建会话响应"来响应 MME 实体：

① eNB 实体将在 GTP – U 协议层使用用于 S1 承载的 TEID；

② 移动台配置。

16）MME 实体用包含以下信息的"EMM 附着接受"消息来响应移动台：

① 移动台配置；

② GUTI 的临时标识。

"EMM 附着接受"消息携带"ESM 激活默认承载上下文请求"消息。"EMM 附着接受"消息由 S1 – MME 接口上的"S1 – AP 初始上下文建立请求"消息和 LTE – Uu 无线接口上的 RRC"连接重配置"消息携带。"S1 – AP 初始上下文建立请求"消息允许在 eNB 实体层创建移动台上下文并且包含以下信息：

① 由 SGW 实体分配的 TEID；

② QoS 参数；

③ 从 K_{ASME} 密钥导出的 K_{eNB} 密钥。

eNB 实体导出 K_{eNB} 密钥以创建以下密钥：

① 用于 RRC 消息加密的 K_{RRCenc} 密钥；

② 用于 RRC 消息完整性控制的 K_{RRCint} 密钥；

③ K_{UPenc} 业务数据（IP 分组）加密密钥。

RRC"连接重配置"消息初始化 DRB 无线承载的安装。

17）eNB 实体请求移动台使用由 K_{RRCint} 完整性密钥控制以及包含允许移动台导出 K_{eNB} 密钥的算法的 RRC"安全模式命令"消息来保护无线电接口。移动台导出 K_{eNB} 密钥以生成 K_{RRCenc}、K_{RRCint} 和 K_{UPenc} 密钥，并检查 RRC"安全模式命令"消息的完整性。

18）移动台利用由完整性密钥 K_{RRCint} 控制的 RRC"安全模式完成"消息来确认到 eNB 实体的密钥的建立。步骤 17）和 18）的消息被插入到由 eNB 实体在"S1 – AP 初始上下文建立请求"消息接收和 RRC"连接重配置"消息发送之间。

19）移动台通过发送"EMM 附着完成"消息来确认收到"EMM 附着请求"消息。"EMM 附着完成"消息携带"ESM 激活默认 EPS 承载上下文接受"消息。"EMM 附着完成"消息由 LTE – Uu 无线接口上的 RRC"连接重配置完成"消息和 S1 – MME 接口上的"S1 – AP 初始上下文建立响应"消息携带。"S1 – AP 初始上下文建立响应"消息包含 SGW 实体将在 GTP – U 协议层用于 S1 承载的 TEID。

20）MME 实体在"GTPv2 – C 修改承载请求"消息中将从 eNB 实体接收到的

TEID 传送给 SGW 实体。

21）SGW 实体确认由"GTPv2－C 修改承载响应"消息收到的消息。

1.4.3 默认承载的恢复过程

当移动台空闲时，默认承载的恢复可以由移动台在输出数据的情况下激活，或者在输入数据的情况下由 SGW 实体激活。

1.4.3.1 移动台发起默认承载恢复

图 1-15 描述了由移动台发起的默认承载的恢复过程。

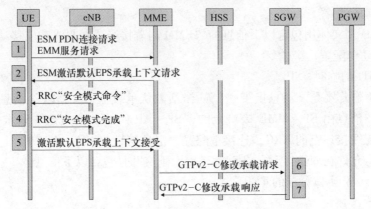

图 1-15　移动台发起默认承载的恢复过程

1）在输出数据的情况下，移动台将"EMM 服务请求"消息发送到 MME 实体。"EMM 服务请求"消息由 LTE－Uu 无线接口上的 RRC"连接建立完成"消息和 S1－MME 接口上的"S1－AP 初始消息 UE"消息携带。"EMM 服务请求"消息携带"ESM PDN 连接请求"消息。"EMM 服务请求"消息的完整性由 IK_{NAS} 密钥控制。如果完整性检查是肯定的，则 MME 实体保留存储在上下文中的安全参数。否则，MME 实体启动新的 AKA 过程。

2）MME 实体将"ESM 激活默认 EPS 承载上下文请求"消息发送给移动台。"ESM 激活默认 EPS 承载上下文请求"消息由以下消息携带：

①"S1－AP 初始上下文建立请求"消息，以在 eNB 实体层建立移动台的上下文；

②用于安装 DRB 无线承载的 RRC"连接重配置"消息。

3）eNB 实体请求移动台保护 RRC"安全模式命令"消息的无线接口。

4）移动台通过 RRC"安全模式完成"消息确认与 eNB 实体的密钥的建立。

5）移动台用"激活默认 EPS 承载"消息来响应 MME，"ESM 上下文接受"由以下消息携带：

① RRC"连接重配置完成"消息；

②"S1－AP 初始上下文建立响应"消息包含 SGW 实体将对 S1 承载使用 GTP－U 协议层的 TEID。

6）MME 实体在"GTPv2 - C 修改承载请求"消息中将从 eNB 实体接收到的 TEID 传送给 SGW 实体。

7）SGW 实体确认"GTPv2 - C 修改承载响应"消息收到的消息。

1.4.3.2　SGW 实体发起默认承载恢复

SGW 实体发起的默认承载恢复过程如图 1-16 所示。

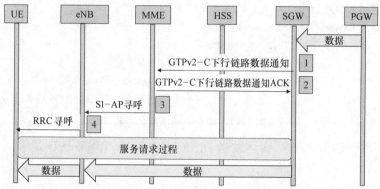

图 1-16　由 SGW 实体发起的默认承载的恢复过程

1）SGW 实体通过"GTPv2 - C 下行链路数据通知"消息向 MME 实体通知输入数据的接收。

2）MME 实体向 SGW 实体发送"GTPv2 - C 下行链路数据通知 ACK"消息以确认接收到的消息。

3）MME 将包含移动台的 S - TMSI 标识的"S1 - AP 寻呼"消息发送给 TAI 位置区的所有 eNB 实体。缩短的临时移动（Shortened Temporary Mobile Subscriber Identity，S - TMSI）是 GUTI 临时标识的一部分。

4）包含移动台的 S - TMSI 的"RRC 寻呼"消息由 TAI 位置区的每个 eNB 实体在小区中广播。在接收到 RRC 寻呼消息后，移动台开始前面所描述的服务请求过程。

1.4.4　专用承载的建立过程

例如分配给语音的专用承载的建立与例如分配给电话信令的默认承载的建立耦合。

专用承载的建立由例如 IP 多媒体子系统（IP Multimedia Subsystem，IMS）网络的应用功能（Application Function，AF）实体通过分析在需要建立电话呼叫的终端之间交换的电话信令来触发。IMS 网络与 EPS 网络之间的链路由 PCRF 实体提供。PCRF 实体将分配给需要建立的语音的专用承载的特性传递给 PGW 实体。

该专用承载与分配给电话信令的默认承载耦合，因为对于这两种类型的承载，承载终端是相同的。

图 1-17 描述了建立专用承载的过程。

1）AF 实体向 PCRF 实体发送 DIAMETER AAR（认证授权请求）消息中的专用承载特性。

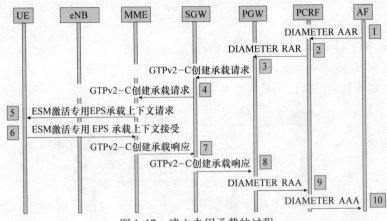

图1-17　建立专用承载的过程

2）PCRF实体向PGW实体发送DIAMETER RAR（重新认证请求）消息中的专用承载特性。

3）PGW实体向PGW实体发送业务数据时，向SGW实体发送包含SGW实体在GTP-U报头中需要使用的S5承载的TEID的"GTPv2-C创建承载请求"消息。

4）SGW实体向SGW实体发送业务数据时，向MME实体发送包含eNB实体在GTP-U报头中需要使用的S1承载的TEID"GTPv2-C创建承载请求"消息。

5）MME实体向移动台发送由以下单元携带的"ESM激活专用EPS承载上下文请求"消息：

①S1-MME接口上的"S1-AP E-RAB建立请求"消息；

②LTE-Uu接口上的RRC"连接重配置"消息。

"S1-AP E-RAB建立请求"消息包含MME实体从SGW实体收到的TEID。RRC"连接重配置"消息包含专用承载的LCID标识。

6）移动台通过由以下单元携带的"ESM激活专用EPS承载上下文接受"消息来响应MME实体：

①LTE-Uu接口上的RRC"连接重配置完成"消息；

②S1-MME接口上的"S1-AP E-RAB建立响应"消息。

"S1-AP E-RAB建立请求"消息中包含SGW实体在向eNB实体发送业务数据时需要在GTP-U报头中使用的S1承载的TEID。

7）MME实体通过包含MME实体从eNB实体接收到的TEID的"GTPv2-C创建承载响应"消息来响应SGW实体。

8）SGW实体使用"C-GTPv2创建承载响应"消息来响应PGW实体，该消息包含PGW实体在向SGW实体发送业务数据时需要在GTP-U报头中使用的S5承载的TEID。

9）PGW实体用"DIAMETER RAA"（重新认证应答）消息来响应PCRF实体。

10）PCRF 实体用"DIAMETER AAA"（认证授权应答）消息来响应 AF 实体。

1.4.5 定位更新过程

当进入新的 TAI 位置区或维护定时器到期时，定位更新过程由处于空闲模式的移动台启动。定位更新过程如图 1-18 所示。

移动台在开始定位更新之前运行连接过程。

1）移动台发送"EMM 跟踪区更新请求"消息，指示定位更新的原因。

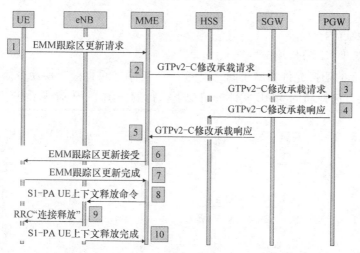

图 1-18 定位更新过程

"EMM 跟踪区更新请求"消息由无线 LTE – Uu 接口上的 RRC"连接建立完成"消息和 S1 – MME 接口上的"S1 – AP 初始消息 UE"消息携带。RRC"连接建立完成"消息包含 eNB 实体用来将"EMM 跟踪区更新请求"消息传递给 MME 实体的全球唯一 MME 标识（Globally Unique MME Identity，GUMMEI）。"EMM 跟踪区更新请求"消息的完整性由 IK_{NAS} 密钥控制。如果完整性检查是肯定的，则 MME 实体保留储存在上下文中的安全参数。否则，MME 实体启动新的 AKA 过程。

2）MME 实体向 SGW 实体发送包含小区的标识 ECGI 和位置区的 TAI 的"GTPv2 – C 修改承载请求"消息。

3）SGW 实体检查标识是否已经改变，如果是，则发送"GTPv2 – C 修改承载请求"消息给 PGW 实体，通知它这个改变。

4）PGW 实体通过"GTPv2 – C 修改承载响应"消息来响应 SGW 实体。

5）SGW 实体通过"GTPv2 – C 修改承载响应"消息来响应 MME 实体。

6）MME 可以在"EMM 跟踪区更新接受"消息中配置新的 TAI 位置区列表并为移动台分配新的 GUTI。"EMM 跟踪区更新接受"消息由 S1 – MME 接口上的"S1 – AP 下行链路 NAS 传输"消息和 LTE – Uu 无线接口上的"RRC 连接建立完成"消息携带。

7）如果 GUTI 被改变，则移动台向 MME 实体发送"EMM 跟踪区更新完成"消息以确认接收到的消息。

8）MME 实体请求 eNB 实体在"S1 – AP UE 上下文释放命令"消息中断开移动台。

9）eNB 实体通过向移动台发送 RRC"连接释放"消息来断开连接。

10）eNB 实体在"S1 – AP UE 上下文释放完成"消息中通知 MME 实体移动台的切断。

1.4.6 切换过程

1.4.6.1 基于 X2 的切换

基于 X2 的切换允许在属于同一组的 eNB 实体之间直接交换命令。基于 X2 的切换是在没有选择新的 MME 实体的情况下执行的。图 1-19 描述了基于 X2 的切换过程。

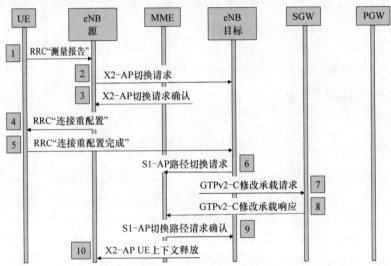

图 1-19 基于 X2 的切换过程

1）移动台在其小区和相邻小区上执行测量，并且在 RRC"测量报告"消息中将结果发送给 eNB 实体。

2）源 eNB 实体选择目标 eNB 实体，并发送包含移动台上下文的"X2 – AP 切换请求"消息。

3）目标 eNB 实体通过包含"切换命令"信息元和 X2 – U 承载的 TEID 的"X2 – AP 切换请求确认"消息来预留资源并响应源 eNB。"切换命令"信息元包含使得移动台能够在几十毫秒内执行切换的无线接口的特性。X2 – U 承载是从源 eNB 实体到目标 eNB 实体的单向承载。当移动台在切换阶段将被断开时，X2 – U 承载是允许源 eNB 实体将输入数据传送到目标 eNB 实体的临时承载。

4）源 eNB 实体指示移动台通过包含"切换命令"信息元的 RRC"连接重配

置"消息来改变小区。

5）当移动台向目标 eNB 实体发送 RRC "连接重配置完成" 消息时，终止到目标 eNB 实体的连接。

6）目标 eNB 实体通过包含需要改变的 S1 承载的 TEID 的 "S1 – AP 路径切换请求" 消息通知 MME 实体该小区改变。

7）MME 实体在 "GTPv2 – C 修改承载请求" 消息中将从 eNB 实体接收到的 TEID 传送给 SGW 实体。

8）SGW 实体确认 "GTPv2 – C 修改承载响应" 消息收到的消息。

9）MME 通过 "S1 – AP 切换路径请求确认" 消息确认从目标 eNB 实体接收到的消息。

10）目标 eNB 实体通知源 eNB 实体可以通过 "X2 – AP UE 上下文释放" 消息来移除移动台的上下文。

1.4.6.2　基于 S1 的切换

基于 S1 的切换允许经由 MME 实体命令交换用于以下情况：

① 在属于同一组的 eNB 实体之间没有启用 X2 接口；

② 两个 eNB 实体属于两个不同的组，并且必须选择新的 MME 和 SGW 实体。

然而，通过无线接口交换的 RRC 消息与基于 X2 接口的切换过程保持一致。

1.4.7　多播承载建立过程

多播承载建立初始化新的多媒体广播多播服务（Multimedia Broadcast Multicast Service，MBMS）会话的传输。图 1-20 描述了建立多播承载的过程。

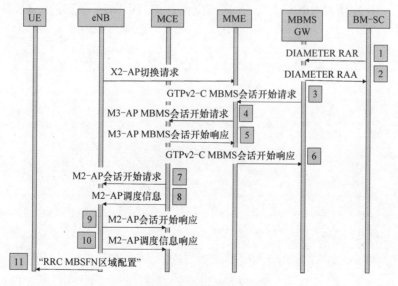

图 1-20　多播承载建立过程

1）该过程由广播多播服务中心（Broadcast Multicast Service Centre，BM – SC）实体通过向 MBMS 网关（GW）实体发送包含必须被创建的承载的特性的"DIAM-ETER RAR"（重新认证请求）消息来发起。

2）MBMS GW 实体通过"DIAMETER RAA"（重新认证应答）消息来响应 BM – SC 实体。

3）MBMS GW 实体通过向 MME 实体发送包含要创建的承载的多播 IP 地址的"GTPv2 – C MBMS 会话开始请求"消息来发起多播承载的构建。

4）MME 实体将"M3 – AP MBMS 会话开始请求"消息分发给包含要创建的承载的多播 IP 地址的多小区/多播协调实体（Multicast Coordination Entity，MCE）。

5）每个 MCE 实体通过"M3 – AP MBMS 会话开始响应"消息来响应 MME 实体。

6）MME 实体通过"GTPv2 – C MBMS 会话开始响应"消息来响应 MBMS GW 实体。

7）MCE 实体向相关 eNB 实体发送包含要创建的承载的多播 IP 地址的"M2 – AP 开始会话请求"消息。

8）MCE 实体同时向相关 eNB 实体发送定义了多播业务信道（Multicast Traffic Channel，MTCH）的特性的"M2 – AP 调度信息"消息。

9）和 10）eNB 实体响应由"M2 – AP 会话开始响应"和"M2 – AP 调度信息响应"消息接收的消息。

eNB 实体向 IP 传输网络发送"IGMP JOIN"消息以接收多播承载。

11）eNB 实体在 RRC"MBSFN 区域配置"消息中向移动台发送 MTCH 逻辑信道特征。

第2章

NAS协议

- -

2.1 接合

2.1.1 过程

程序接合过程如图 2-1 所示。

UE

MME

EMM附着请求

EMM认证请求

EMM认证响应

EMM安全模式命令

EMM安全模式完成

EMM身份认证请求

EMM身份认证响应

EMM附着接受

EMM附着完成

图 2-1   接合过程

通过 "EMM 非注册" 状态中的移动台向移动性管理实体（MME）发送 "EMM 附着请求" 消息，发起附着过程。该消息包含全球唯一临时标识（GUTI）或国际移动用户身份（IMSI）在接收到该消息时，MME 实体启动认证过程和非接入层（NAS）消息的安全性。

如果成功，则 MME 实体用包含新 GUTI 的 "EMM 附着接受" 消息进行响应。移动台切换到 "EMM 注册" 状态并用 "EMM 附着完成" 消息进行响应以确认先前的消息。如果该过程失败，则 MME 实体用 "EMM 附着拒绝" 消息进行响应，导致移动台脱离。移动台或 MME 实体可以通过发送 "EMM 脱离请求" 消息来触发脱离。"EMM 脱离接受" 响应结束脱离过程。当由移动台初始化的脱离表示关闭时，MME 实体个发送该响应。相互认证过程由 MME 实体通过发送包含随机数（RAND）和认证网络（Authentication Network，AUTN）代码的 "EMM 认证请求" 消息来发起。移动台从接收到的 RAND 中本地计算出其 RES 认证码和网络的身份验证码，它与从 MME 实体接收到的 AUTN 认证码进行比较。如果 MME 实体被认证，则移动台使用包含移动 RES 认证码的"EMM 认证响应"消息进行响应。否则在"EMM 认证失败"消息中表示网络认证失败。

MME 实体将由移动台接收的 RES 认证码与归属用户服务器（HSS）实体传送的 RES 认证码进行比较。如果两个认证码相同，则认证移动台，MME 实体触发 NAS 信令安全。否则，它将使用"EMM 认证拒绝"消息进行响应。当相互认证成功时，MME 实体通过发送"EMM 安全模式命令"消息来实现 NAS 信令的安全。此消息是完整性保护的。如果"EMM 安全模式命令"消息的完整性控制是肯定的，则移动台使用"EMM 完全安全模式"消息进行响应。所有后续的 NAS 消息都被加密和完整性控制。如果"EMM 安全模式命令"消息的完整性控制是否定的，则移动台使用"EMM 安全模式拒绝"消息进行响应。当 NAS 消息被保护时，MME 实体在"EMM 身份认证请求"消息中向移动台请求其设备的国际移动设备识别码（International Mobile Equipment Identity，IMEI）。移动台在"EMM 身份认证响应"消息中提供请求的身份认证。

2.1.2　消息结构

2.1.2.1　接合

表 2-1 给出了"EMM 附着请求"消息的主要信息元。

表 2-1　"EMM 附着请求"消息的主要信息元

信息元	描述
EPS 附着类型	EPS、EPS/ IMSI、EPS 紧急事件
NAS 密钥集标识符	安全性上下文标识符
EPS 移动台标识	GUTI IMSI
EU 的网络功能	安全算法、SRVCC、CSFB、LPP、LCS
ESM 消息容器	"ESM PDN 连接请求"消息

表 2-2 给出了"EMM 附着接受"消息的主要信息元。

表 2-2　"EMM 附着接受"消息的主要信息元

信息元	描述
EPS 附着结果	EPS、EPS/ IMSI
T3412 值	位置更新定时器
TAI 列表	位置区列表
ESM 消息容器	"ESM 激活默认 EPS 承载上下文请求"消息
GUTI	临时移动标识

表 2-3 给出了"EMM 附着完成"消息的主要信息元。

表 2-3　"EMM 附着完成"消息的主要信息元

信息元	描述
ESM 消息容器	"ESM 激活默认 EPS 承载上下文接受"消息

表 2-4 给出了"EMM 附着拒绝"消息的主要信息元。

表 2-4　"EMM 附着拒绝"消息的主要信息元

信息元	描述
EMM 原因	接合拒绝原因
T3402 值	定时器重置一个接合

表 2-5 给出了"EMM 脱离请求"消息的主要信息元。

表 2-5　"EMM 脱离请求"消息的主要信息元

信息元	描述
脱离类型	EPS、EPS/IMSI、IMSI
NAS 的密钥集标识符	安全性上下文标识符
EPS 移动标识	GUTI、IMSI

"EMM 脱离接受"消息不包含信息元。

2.1.2.2　认证

表 2-6 给出了"EMM 认证请求"消息的主要信息元。

表 2-6　"EMM 认证请求"消息的主要信息元

信息元	描述
NAS 密钥集标识符	安全性上下文标识符
认证参数 RAND	随机值
认证参数 AUTN	网络认证码

表 2-7 给出了"EMM 认证响应"消息的主要信息元。

表 2-7　"EMM 认证响应"消息的主要信息元

信息元	描述
认证响应参数	RES 认证码

表 2-8 给出了"EMM 认证失败"消息的主要信息元。

表 2-8　"EMM 认证失败"消息的主要信息元

信息元	描述
EMM 原因	认证拒绝原因

"EMM 认证拒绝"消息不包含信息元。

2.1.2.3　安全模式控制

表2-9 给出了"EMM 安全模式命令"消息的主要信息元。

表 2-9　"EMM 安全模式命令"消息的主要信息元

信息元	描述
选择 NAS 安全算法	NAS 消息的完整性控制算法和加密算法
NAS 密钥集标识符	安全性上下文标识符
中继 UE 安全能力	移动安全能力的非变更控制

"EMM 安全模式完成"消息不包含信息元。

表2-10 给出了"EMM 安全模式拒绝"信息的主要信息元。

表 2-10　"EMM 安全模式拒绝"消息的主要信息元

信息元	描述
EMM 原因	安全模式拒绝原因

2.1.2.4　身份认证

表2-11 给出了"EMM 身份请求"消息的主要信息元。

表 2-11　"EMM 身份请求"消息的主要信息元

信息元	描述
身份类型	与 IMEI 相关的请求
备用半八位字节	填充

表2-12 给出了"EMM 身份响应"消息的主要信息元。

表 2-12　"EMM 身份响应"消息的主要信息元

信息元	描述
移动身份	IMEI 标识符的值

2.2　会话建立

2.2.1　过程

当附着同时发送"EMM 附着请求"和"ESM PDN 连接请求"消息的移动台时，发生默认承载的建立。

当移动台的接合被 MME 实体接受时，移动台同时接收"EMM 附着接受"和"ESM 激活默认 EPS 承载上下文请求"消息。

移动台通过同时响应"EMM 附着完成"和"ESM 激活默认 EPS 承载上下文接受"来确认收到的两条消息。

当移动台处于 RRC – IDLE 状态时，默认承载恢复可以由用于输出数据的移动台，或由用于输入数据的网络触发。

当移动台触发默认承载恢复时，通过向 MME 实体发送"EMM 服务请求"消息来初始化服务请求过程。

其余的过程重复之前交换的消息：

1）"激活默认 EPS 承载上下文请求"消息，从 MME 实体到移动台；

2）"ESM 激活默认 EPS 承载上下文接受"消息，从移动台到 MME 实体。

当网络触发默认承载恢复时，移动台从 eNB 实体接收 RRC 寻呼消息。

在接收到该消息时，移动台初始化上述服务请求过程。

表 2-13 总结了建立交换的 ESM 消息，默认承载的修改和发布。

表 2-13 ESM 消息：默认承载情况

源	默认承载的建立由移动台初始化	目的
UE	PDN 连接请求	MME
MME	激活默认 EPS 承载上下文请求或 PDN 连接拒绝	UE
UE	激活默认 EPS 承载上下文接受	MME
源	默认承载恢复	目的
MME	激活默认 EPS 承载上下文请求	UE
UE	激活默认 EPS 承载上下文接受或激活默认 EPS 承载上下文拒绝	MME
源	默认承载发布由移动台初始化	目的
UE	PDN 断开请求	MME
MME	去激活 EPS 承载上下文请求或 PDN 断开拒绝	UE
UE	去激活 EPS 承载上下文接受	

专用承载的建立可以由移动台或网络发起。

当网络发起专用承载建立时，移动台和 MME 实体交换以下消息：

1）由 MME 实体发送的"ESM 激活专用 EPS 承载上下文请求"消息；

2）由移动台返回的"ESM 激活专用 EPS 承载上下文接受"消息。

当移动台发起专用承载建立时，移动台通过向 MME 实体发送"ESM 承载资源分配请求"消息来发起该过程。

表 2-14 总结了为专用承载的建立、修改和发布而交换的 ESM 消息。

2.2.2 消息结构

表 2-15 给出了"ESM PDN 连接请求"消息的主要信息元。

表2-14　ESM 消息：专用承载的情况

源	专用承载的建立由网络初始化	目的
MME	激活专用 EPS 承载上下文请求	UE
UE	激活专用 EPS 承载上下文接受或激活专用 EPS 承载上下文拒绝	MME
源	专用承载修改由网络初始化	目的
MME	修改 EPS 承载上下文请求	UE
UE	修改 EPS 承载上下文接受或修改 EPS 承载上下文拒绝	MME
源	专用承载发布由网络初始化	目的
MME	去激活 EPS 承载上下文请求	UE
UE	去激活 EPS 承载上下文接受	MME
源	专用承载建立由移动台初始化	目的
UE	承载资源分配请求	MME
MME	激活专用 EPS 承载上下文请求或承载资源分配拒绝	UE
UE	激活专用 EPS 承载上下文接受	MME
源	专用承载修改由移动台初始化	目的
UE	承载资源修改请求	MME
MME	修改 EPS 承载上下文请求或承载资源修改拒绝	UE
UE	修改 EPS 承载上下文接受	MME

表2-15　"ESM PDN 连接请求" 消息的主要信息元

信息元	描述
PDN 类型	IPv4、IPv6、IPv4 和 IPv6
接入点名称	接入点名称（PGW 实体）（可选）
协议配置选项	移动台要求的配置参数

表2-16 给出了 "ESM PDN 连接拒绝" 消息的主要信息元。

表2-16　"ESM PDN 连接拒绝" 消息的主要信息元

信息元	描述
ESM 原因	承载建立拒绝原因

表2-17 给出了 "ESM PDN 断开请求" 消息的主要信息元。

表2-17　"ESM PDN 断开请求" 消息的主要信息元

信息元	描述
链接 EPS 承载标识	默认承载与专用承载之间的链路标识

表2-18 给出了 "ESM PDN 断开拒绝" 消息的主要信息元。

表 2-18　"ESM PDN 断开拒绝"消息的主要信息元

信息元	描述
ESM 原因	默认承载发布拒绝原因

表 2-19 给出了"ESM 激活默认 EPS 承载上下文请求"消息的主要信息元。

表 2-19　"ESM 激活默认 EPS 承载上下文请求"消息的主要信息元

信息元	描述
EPS 服务质量	服务质量参数
接入点名称	接入点名称（PGW 实体）
PDN 地址	IPv4 或 IPv6 或 IPv4/IPv6
协议配置选项	移动台配置参数

"ESM 激活默认 EPS 承载上下文接收"消息不包含强制性信息元。

表 2-20 给出了"ESM 激活默认 EPS 承载上下文拒绝"消息的主要信息元。

表 2-20　"ESM 激活默认 EPS 承载上下文拒绝"消息的主要信息元

信息元	描述
ESM 原因	默认承载激活拒绝原因

表 2-21 给出了"ESM 激活专用 EPS 承载上下文请求"消息的主要信息元。

表 2-21　"ESM 激活专用 EPS 承载上下文请求"消息的主要信息元

信息元	描述
链接 EPS 承载标识	默认承载和专用承载之间的链路标识
EPS 服务质量	服务质量参数
TFT	流标识符

"ESM 激活专用 EPS 承载上下文接受"消息不包含强制性信息元。

表 2-22 给出了"ESM 激活专用 EPS 承载上下文拒绝"消息的主要信息元。

表 2-22　"ESM 激活专用 EPS 承载上下文拒绝"消息的主要信息元

信息元	描述
ESM 原因	专用承载发布拒绝原因

表 2-23 给出了"ESM 去激活 EPS 承载上下文请求"消息的主要信息元。

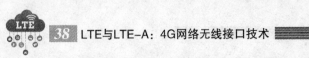

表 2-23 "ESM 去激活 EPS 承载上下文请求"消息的主要信息元

信息元	描述
ESM 原因	专用承载去激活拒绝原因

"ESM 去激活 EPS 承载上下文接受"消息不包含强制性信息元。

表 2-24 给出了"ESM 修改 EPS 承载上下文请求"消息的主要信息元。

表 2-24 "ESM 修改 EPS 承载上下文请求"消息的主要信息元

信息元	描述
新 EPS 服务质量	服务质量参数
TFT	流标识符

"ESM 修改 EPS 承载上下文请求"消息不包含强制性信息元。

表 2-25 给出了"ESM 修改 EPS 承载上下文拒绝"消息的主要信息元。

表 2-25 "ESM 修改 EPS 承载上下文拒绝"消息的主要信息元

信息元	描述
ESM 原因	专用承载修改拒绝原因

表 2-26 给出了"ESM 承载资源分配请求"消息的主要信息元。

表 2-26 "ESM 承载资源分配请求"消息的主要信息元

信息元	描述
链接 EPS 承载标识	默认承载和专用承载之间的链路标识
业务流聚合	流集标识符
要求的业务流服务质量	要求的服务质量

表 2-27 给出了"ESM 承载资源分配拒绝"消息的主要信息元。

表 2-27 "ESM 承载资源分配拒绝"消息的主要信息元

信息元	描述
ESM 原因	专用承载建立拒绝原因

表 2-28 给出了"ESM 承载资源修改请求"消息的主要信息元。

表 2-28 "ESM 承载资源修改请求"消息的主要信息元

信息元	描述
分组滤波器的 EPS 承载标识	EPS 承载标识
业务流聚合	流集标识符
要求的业务流服务质量	要求的服务质量

表 2-29 给出了"ESM 承载资源变更拒绝"消息的主要信息元。

表 2-29 "ESM 承载资源变更拒绝"消息的主要信息元

信息元	描述
ESM 原因	专用承载修改拒绝原因

第3章

RRC协议

3.1 系统信息

服务小区和相邻小区间的无线电特性以及警报通过系统信息在小区中广播。

系统信息包括主信息块（Master Information Block，MIB）消息和一组系统信息块（System Information Block，SIB）消息。

表 3-1 提供了 MIB 消息和 SIB 消息的传输特性。

表 3-1 与系统信息相关的消息传输

SRB	RLC 模式	逻辑信道	传输信道	物理信道
不适用	TM	BCCH	BCH	PBCH
主信息块				
不适用	TM	BCCH	DL – SCH	PDSCH
系统信息块				

系统信息无线网络临时标识符（System Information Radio Network Temporary Indentifier，SI – RNTI）用于检索物理下行链路共享信道（PDSCH）中分配给 SIB 消息的资源类型。该类型由物理下行链路共享信道（PDCCH）提供。

3.1.1 MIB 消息

由 MIB 消息提供的信息使移动台随后能够分析 PDCCH 物理信道，最初检索 SIB 消息。MIB 消息包含以下参数：

```
MasterInformationBlock
    dl-Bandwidth
    phich-Config
    systemFrameNumber
```

DL 带宽：该参数指定下行链路方向的无线信道的带宽，在频域中以资源块（Resource Block，RB）的数量表示。

物理混合自动重传指示信道配置：该参数定义物理 HARQ 指示信道（PHICH）的配置。

系统帧号：此参数定义帧号的八个最高有效位。在解码物理广播信道（PBCH）时隐含地获取两个最低有效位。

3.1.2 SIB1 消息

SIB1 消息提供的信息使移动台能够评估是否允许接入该小区并且定义其他 SIB 调度信息。SIB1 消息包含以下参数：

```
SystemInformationBlockType1
    cellAccessRelatedInfo
    cellSelectionInfo
    p-Max
    freqBandIndicator
    schedulingInfoList
    tdd-Config
    si-WindowLength
    systemInfoValueTag
    ims-EmergencySupport
    cellSelectionInfo
```

小区接入相关信息：此参数提供有关接入小区的各种信息，诸如网络的标识、移动国家代码（Mobile Country Code，MCC）和移动网络代码（Mobile Network Code，MNC），其共享小区、跟踪区代码（Tracking Area Code，TAC）和 E-UTRAN 小区全局标识符（ECGI）。

小区选择信息：此参数提供接收到的参考信号接收功率（RSRP）选择单元。

最大功率：该参数提供上行方向允许的最大功率。

频带指示器：此参数定义小区工作的频带。此信息与 MIB（DL 带宽）消息提供的信息互补因为它确定了双工间距。

调度信息列表：此参数提供定义 SIB2 到 SIB13 消息的系统信息（System Information SI）中分组和每个组的频率的信息。SIB2 消息总是包括在第一 SI 组中。

tdd 配置：该参数提供类型 2 时间帧和特殊子帧的配置

Si 窗口长度：该参数确定分配到每个 SI 的帧和子帧号。

系统信息值标签：此参数提供 SIB2 到 SIB9 或 SIB13 消息的修改的指示。

ims 紧急事件支持：此参数在版本 9 中引入，并指示小区是否支持对不能附着到移动管理实体（MME）的电话的紧急呼叫。

小区选择信息：此参数在版本 9 中引入，提供了参考信号接收质量（RSRQ）的最小值来选择小区。

SIB1 消息在系统帧号（System Frame Number，SFN）为 8 的倍数的帧中发送。在 SFN 数为偶数的帧中重复 SIB1 消息。

3.1.3 SIB2 消息

SIB2 消息提供与无线资源配置有关的信息。SIB2 消息包含以下参数：

```
SystemInformationBlockType2
    ac-BarringInfo
    radioResourceConfigCommon
    ue-TimersAndConstants
    freqInfo
    mbsfn-SubframeConfigList
    timeAlignmentTimerCommon
    ssac-BarringForMMTEL-Voice
    ssac-BarringForMMTEL-Video
    ac-BarringForCSFB
```

接入控制禁止信息：此参数指示小区是否接受紧急呼叫和当建立与信令和业务数据相关的连接时提供用于定时器计算的值。

公共无线资源配置：此参数提供各种物理信号和物理信道的配置信息。

ue 定时器和计数器：此参数提供各种定时器的值：

1）T300 定时器与建立无线资源控制（RRC）的过程有关，并指示移动台响应 RRC"连接请求"消息的延迟。

2）T301 定时器在发送 RRC"连接重建请求"消息之后启动。如果定时器到期时没有接收到响应，移动台切换到空闲状态。

3）如果移动台已经接收到 N310 去同步指示，则 T310 定时器启动；如果移动台没有接收到 N311 同步指示，则切换到空闲状态。

4）T311 定时器在 RRC 连接恢复过程中启动，如果没有找到小区连接，则切换到空闲状态。

频率信息：此可选参数提供用于上行链路方向的频带。如果不提供此参数，则将上行方向的带宽从 SIB1 消息的"频带指示器"中减去。

MBSFN 子帧配置列表：此参数在版本 9 中引入；提供了为多媒体广播多播服务（MBMS）会话保留的帧列表。

公共时间对准定时器：此参数提供定时器值，在此期间移动台将其时间提前量视为有效。

MMTEL – Voice 接入禁止配置：版本 9 中引入的此参数提供用于在建立电话通信时进行定时器计算的值。

MMTEL – Video 接入禁止配置：版本 9 中引入的此参数提供用于在建立可视电话通信时进行定时器计算的值。

CSFB 接入控制禁止：此参数在版本 10 中引入，提供当建立电路交换回退（Circuit Switched FallBack，CSFB）过程时的定时器计算的值。

3.1.4　SIB3 消息

SIB3 消息提供使移动台能够选择新小区的信息。SIB3 消息包含以下参数：

```
SystemInformationBlockType3
   cellReselectionInfoCommon
   cellReselectionServingFreqInfo
   intraFreqCellReselectionInfo
```

公共小区重选信息：此参数提供要用于选择新小区的滞后值。

小区重选服务频率信息：此参数提供用于选择具有与服务小区或新的 2G／3G 小区［无线接入技术（Radio Access Technology，RAT）间］不同频率（频间）的新 4G 小区的条件。

频内小区重选信息：此参数提供选择具有与服务小区相同的频率（频内）的新的 4G 小区的条件。版本 9 引入新元素。

3.1.5 SIB4 消息

SIB4 消息提供与相邻 4G 小区相关的信息频率（同频）作为服务小区。SIB4 消息包含以下内容参数：

```
SystemInformationBlockType4
   intraFreqNeighCellList
   intraFreqBlackCellList
   csg-PhysCellIdRange
```

这三个参数都是可选的，移动台在没有此信息的情况下具有选择新的频内小区的能力。

频内相邻小区列表：该参数提供由物理层小区标识（Physical – layer Cell Identity，PCI）所标识的一列相邻小区。

频内黑名单小区列表：该参数提供一列禁止的相邻小区。

闭合用户组物理小区 ID 范围：此参数提供一列保留相邻小区，例如作为家庭演进节点 B（Home evolved Node B，HeNB）小区。

3.1.6 SIB5 消息

SIB5 消息提供与具有不同的相邻 4G 小区相关的信息频率（频率间）服务小区的频率：

```
SystemInformationBlockType5
   interFreqCarrierFreqList
```

3.1.7 SIB6 消息

SIB6 消息提供与 3G 通用陆地无线接入网（Universal Terrestrial Radio Access Network，UTRAN）的相邻小区有关的信息。SIB6 消息包含以下参数：

```
SystemInformationBlockType6
   carrierFreqListUTRA-FDD
   carrierFreqListUTRA-TDD
   t-ReselectionUTRA
   t-ReselectionUTRA-SF
```

UTRA – FDD 载波频率列表：此参数提供关于根据频分双工（FDD）模式工作相邻小区的信息。

UTRA – TDD 载波频率列表：该参数提供关于根据时分双工（TDD）模式工作相邻小区的信息。

t – 重选 UTRA：该参数提供用于 3G UTRAN 小区选择的定时值。

t – 重选 UTRA – SF：此参数提供应用于 t – 重选 UTRA 参数的乘法因子。

3.1.8 SIB7 消息

SIB7 消息提供与 2G GSM／EDGE 无线接入网络（GSM/EDGE Radio Access Network，GERAN）的相邻小区有关的信息。SIB7 消息包含以下内容参数：

```
SystemInformationBlockType7
    t-ReselectionGERAN
    t-ReselectionGERAN-SF
    carrierFreqsInfoList
```

t – 重选 GERAN：此参数提供用于选择 2G GERAN 小区的定时值。

t – 重选 GERAN – SF：此参数提供应用于 t – 重选 GERAN 参数的乘法因子。

载波频率信息列表：该参数提供与相邻 2G GERAN 小区有关的信息。

3.1.9 SIB8 消息

SIB8 消息提供与 3G 码分多址（CDMA2000）的相邻小区相关的信息。SIB8 消息包含以下内容参数：

```
SystemInformationBlockType8
    systemTimeInfo
    searchWindowSize
    parametersHRPD
    parameters1XRTT
```

系统定时信息：该参数指示无线接入网络 3G CDMA2000 和 4G E – UTRAN 是否同步。

搜索窗口大小：此参数为移动台搜索 3GC DMA2000 无线接入网络导频提供支持。

HRPD 参数：此参数提供与在高速率分组数据（High Rate Packet Data，HRPD）模式下操作的 3G CDMA2000 接入网络的相邻小区相关的信息。

1XRTT 参数：此参数提供与在无线传输技术（Radio Transmission Technology，1xRTT）模式中操作的 3G CDMA2000 接入网络的相邻小区相关的信息。

3.1.10 SIB9 消息

SIB9 消息提供家庭 HeNB 小区的名称：

```
SystemInformationBlockType9
    hnb-Name
```

3.1.11　SIB10 消息

对于日语版本，SIB10 消息提供与地震和海啸预警系统（Earthquake and Tsunami Warning System，ETWS）警报相关的简明信息。SIB10 消息包含以下参数：

```
SystemInformationBlockType10
    messageIdentifier
    serialNumber
    warningType
```

消息标识符：此参数提供通知类型。

序列号：此参数提供各种通知修改的记录。

警告类型：此参数指示通知是否仅涉及地震，仅涉及海啸，或地震和海啸。

3.1.12　SIB11 消息

SIB11 消息提供有关 ETWS 警报的更详细信息。SIB11 消息包含以下参数：

```
SystemInformationBlockType11
    messageIdentifier
    serialNumber
    warningMessageSegmentType
    warningMessageSegmentNumber
    warningMessageSegment
    dataCodingScheme
```

消息标识符：此参数提供通知类型。

序列号：此参数提供各种通知修改的记录。

警告消息段类型：此参数指示"警告消息段"参数是否是构成消息段的最后字段。

警告消息段号：此参数提供段号。

警告消息段：此参数包含警报消息段。

数据编码方案：此参数定义用于警报消息的语法。

3.1.13　SIB12 消息

版本 9 中引入的 SIB12 消息为北美版本提供了商业移动警报系统（Commercial Mobile Alert System，CMAS）信息。SIB12 消息包含与 SIB11 消息相同的参数：

```
SystemInformationBlockType12
    messageIdentifier
    serialNumber
    warningMessageSegmentType
    warningMessageSegmentNumber
    warningMessageSegment
    dataCodingScheme
```

3.1.14　SIB13 消息

在版本 9 中引入的 SIB13 消息提供与单频网 MBMS（MBSFN）有关的信息，并包含以下参数：

```
SystemInformationBlockType13
    mbsfn-AreaInfoList
    notificationConfig
```

MBSFN 区域信息列表：该参数提供多播控制信道（MCCH）的配置。

通知配置：该参数提供 MCCH 逻辑信道的通知配置。

3.2　连接控制

3.2.1　寻呼

寻呼过程涉及以下操作：

1）在 RRC–IDLE 状态中向移动台输入数据的指示；

2）从电路交换（Circuit–Switched CS）模式下的网络到 RRC–IDLE 状态下的移动台的电话呼叫的指示；

3）对处于 RRC–IDLE 状态或 RRC–CONNECTED 状态的移动台修改系统信息的指示；

4）地震和海啸警报系统（ETWS）的通知；

5）商业移动告警系统（CMAS）的通知。

表 3-2 提供了寻呼消息的传输特性。

表 3-2　与寻呼有关的消息传输

SRB	RLC 模式	逻辑信道	传输信道	物理信道
不适用	TM	PCCH	PCH	PDSCH
寻呼				

寻呼消息由 eNB 实体发送，并且包含以下信息：

```
Paging
    pagingRecordList
    systemInfoModification
    etws-Indication
    cmas-Indication
```

寻呼记录列表：此信息元指示通知的接收者的移动台的身份，缩短的临时移动用户标识（S–TMSI）或国际移动用户标识（IMSI），以及处于 CS 模式或分组交换（Packet Switched, PS）模式的网络通知的来源。

系统信息修改：此信息元指示移动台是否必须获取系统信息块（SIB）消息的新配置。

ETWS 指示：此信息元指示移动台是否必须获取 SIB10 消息和 SIB11 消息的新

配置。

CMAS 指示：此信息元指示移动台是否必须获取 SIB12 消息的新配置。

3.2.2　建立连接

连接建立在随机接入过程之后，并允许从"RRC – IDLE"状态转换到"RRC – CONNECTED"状态和信令无线承载 1（SRB1）的建立。

表3-3 提供了与连接建立相关的消息的传输特性。

表3-3　与连接建立相关的消息传输

SRB	RLC 模式	逻辑信道	传输信道	物理信道
SRB0	TM	CCCH	UL – SCH	PUSCH
连接请求				
SRB0	· TM	CCCH	DL – SCH	PDSCH
连接设置				
连接拒绝				
SRB1	AM	DCCH	UL – SCH	PUSCH
连接建立完成				

"连接请求"消息由移动台发送以发起连接建立过程并包含以下信息元：

```
RRC ConnectionRequest
  ue-Identity
  establishmentCause
```

UE 身份：该信息元素指示移动台标识，如果附着移动台，则表示 S – TMSI 标识，否则表示随机值。

建立原因：此信息元指示连接建立的原因。

"连接设置"消息是 eNB 实体对接受建立连接请求的响应并包含以下信息元：

```
RRCConnectionSetup
  rrc-TransactionIdentifier
  radioResourceConfigDedicated
```

RRC 事务标识：此信息元提供收发标识。

无线资源配置专用：此信息元素提供 SRB1 承载特性。

"连接拒绝"消息是 eNB 实体拒绝该建立连接请求的响应并包含以下信息元：

```
RRCConnectionReject
  waitTime
  extendedWaitTime
```

等待时间：此信息元指示的等待时间在 1～16s 之间。

扩展等待时间：此信息元（在版本 10 中引入）扩展等待时间到 1800s。

"连接设置完成"消息是移动台对"连接设置"消息的响应来确认连接的建立

并包含以下信息元：

```
RRCConnectionSetupComplete
  rrc-TransactionIdentifier
  selectedPLMN-Identity
  registeredMME
  dedicatedInfoNAS
```

PLMN 标识选择：如果小区在多个网络之间共享，则该信息元定义移动台想要连接到的网络的标识、移动国家代码（MCC）和移动网络代码（MNC）。

注册 MME：该信息元指示已附着移动台的全球唯一 MME 标识（GUMMEI）。

NAS 专用信息：该信息元指示 RRC 消息携带非接入层（NAS）消息。

3.2.3　安全激活

当 eNB 实体收到来自 MME 实体的建立移动台上下文的设置请求时，安全激活过程开始。

无线接口的安全激活过程允许实施以下操作：

1）数据无线承载（DRB）加密；

2）SRB1 和 SRB2 承载的加密和完整性控制。

表 3-4 提供了与安全激活相关的消息的传输特性。

表 3-4　与安全激活相关的消息传输

SRB	RLC	逻辑信道	传输信道	物理信道
SRB1	AM	DCCH	DL－SCH	PDSCH
安全模式命令				
SRB	AM	DCCH	UL－SCH	PUSCH
安全模式完成 安全模式失败				

由 eNB 实体传输的"安全模式命令"消息定义用于加密 SRB 和 DRB 承载的算法，以及用于 SRB 承载完整性控制的算法。

由移动台发送的"安全模式完成"消息确认安全激活。

由移动台发送的"安全模式失败"消息指示安全激活失败。

3.2.4　重置连接

重置连接过程包括以下操作：

1）DRB 承载的建立、修改和释放；

2）无线测量的建立、修改和释放；

3）从小区（Secondary Cell，SCell）的建立，修改和释放；

4）切换触发。

表 3-5 提供了与重置连接相关的消息的传输特性。

表3-5　与连接重置相关的消息传输

SRB	RLC 模式	逻辑信道	传输信道	物理信道
SRB1	AM	DCCH	DL – SCH	PDSCH
连接重置				
SRB1	AM	DCCH	UL – SCH	PUSCH
连接重置完成				

"连接重置"消息由 eNB 实体发送，并且包含以下信息元：

```
RRCConnectionReconfiguration
  measConfig
  mobilityControlInfo
  dedicatedInfoNASList
  radioResourceConfigDedicated
  securityConfigHO
  sCellToReleaseList
  sCellToAddModList
```

MEAS 配置：此信息元定义在相邻 4G 小区（同频和异频）和相邻 2G 和 3G（RAT 间）小区上进行的测量。

移动性控制信息：此信息元提供在切换的情况下目标小区的特性。

NAS 专用信息：此信息元用于传输 NAS 消息。

无线资源配置专用：此信息元用于建立、修改和释放无线承载以及改变介质访问控制（MAC）和专用物理信道的配置。

安全配置 HO：此信息元允许在切换期间更新完整性控制密钥和加密密钥。

SCell 删除列表：此信息元在版本 10 中引入，表示要删除的从小区（SCell）的列表。

SCell 添加模式列表：此信息元在版本 10 中引入，表示要添加的从小区（SCell）的列表。

由移动台发送的"连接重置完成"消息确认连接重置。

3.2.5　重建连接

连接重建仅允许恢复 SRB1 承载操作、安全重激活和主 PCell 配置。

表3-6 提供了与重建连接相关的消息的传输特性。

表3-6　与连接重建有关的消息传输

SRB	RLC 模式	逻辑信道	传输信道	物理信道
SRB0	TM	CCCH	UL – SCH	PUSCH
连接重建请求				
SRB0	TM	CCCH	DL – SCH	PDSCH
连接重建				
连接重建拒绝				
SRB1	AM	DCCH	UL – SCH	PUSCH
连接重建完成				

由移动台发送的"连接重建请求"消息包含以下信息元：

```
RRCConnectionReestablishmentRequest
    ue-Identity
    reestablishmentCause
```

UE 身份：该信息元包含移动台的小区无线网络临时标识（C – RNTI）和移动台连接失败前的物理层小区标识（PCI）。

重建原因：此信息元指示连接重建触发的原因（切换、重配置）。

由 eNB 实体发送的"连接重建"消息包含以下信息元：

```
RRCConnectionReestablishment
    radioResourceConfigDedicated
    nextHopChainingCount
```

无线资源配置专用：此信息元提供用于重建的无线承载的特性。

下一跳链接计数：此信息元提供允许更新加密密钥和完整性控制的参数。

由 eNB 实体发送的"连接重建拒绝"消息表示拒绝连接重建请求。

由移动台发送的"连接重建完成"消息确认连接重建。

3.2.6 连接释放

连接释放过程允许释放无线电资源。

表 3-7 提供了与连接释放相关的消息的传输特性。

表 3-7 与连接释放相关的消息传输

SRB	RLC 模式	逻辑信道	传输信道	物理信道
SRB1	AM	DCCH	DL – SCH	PDSCH
连接释放				

由 eNB 实体发送的"连接释放"消息包含以下信息元：

```
RRCConnectionRelease
    releaseCause
    redirectedCarrierInfo
    idleModeMobilityControlInfo
```

释放原因：此信息元指示连接释放的原因。

重定向载波信息：此信息元允许移动台重定向到另一个 4G 或 2G／3G 无线信道。

空闲模式移动性控制信息：此信息元素提供选择新小区的优先级。

3.3 测量

3.3.1 简介

对服务小区和相邻小区执行的测量用于选择小区和切换。

连接时配置移动性所必需的频内测量。

连接时也可以进行异频测量和 RAT 间（无线接入技术）配置。

由于移动台一般不具有多个无线电接收机，所以应该在帧中排列的间隔执行频间测量和 RAT 间测量。

要由移动台执行的测量的配置由 eNB 实体在 RRC 连接设置、连接重置、连接重建消息触发。

要执行的测量配置定义以下参数：

1）标识无线电信道的对象；

2）触发测量报告的事件；

3）对象和事件的组合；

4）测量滤波参数；

5）测量的周期性。

3.3.2 对象

在相邻小区的无线电信道上进行的测量是不同的类型：

1）同频：邻区的频率与服务小区的频率相同；

2）异频：邻区的频率与服务小区的频率不同；

3）RAT 间通用陆地无线接入网络（UTRAN）；

4）RAT 间 GSM/EDGE 无线接入网络（GERAN）；

5）RAT 间码分多址（CDMA2000）。

4G 相邻小区由它们的物理层小区标识（PCI）和可能的 E－UTRAN 小区全球标识（ECGI）指定。

UTRAN 相邻小区由它们的基站识别码（Base Station Identity Code，BSIC）、扰码以及可选的小区全球标识（Cell Global Identity，CGI）指定。

GERAN 相邻小区由它们的 BSIC 码和可能的 CGI 标识指定。

CDMA2000 相邻小区由它们的扰码伪随机噪声（Pseudo－random Noise PN）和可能的 CGI 标识指定。

对相邻小区的测量涉及以下值：

1）对于 4G 小区，在参考信号上测量的参考信号接收功率（RSRP）和参考信号接收质量（RSRQ）；

2）对于 3G 小区，在公共导频信道（Common Pilot Channel，CPICH）测量的接收信号码功率（Received Signal Code Power，RSCP）和质量等级；

3）对于 2G 小区，接收信号强度指示（Received Signal Strength Indication，RSSI）。

3.3.3 事件

3.3.3.1 事件 A1

当从服务小区接收信号的测量值高于阈值时，发生事件 A1：

$$Ms - Hys > Thresh$$

式中，Ms 是在服务小区上接收的信号的测量值；Hys 是该事件的滞后参数；$Thresh$ 是此事件的阈值。

当从服务小区接收的信号的测量值小于阈值时，停止事件 A1：

$$Ms + Hys < Thresh$$

3.3.3.2 事件 A2

当从服务小区接收的信号的测量值小于阈值时，发生事件 A2：

$$Ms + Hys < Thresh$$

当从服务小区接收的信号的测量值大于阈值时，停止事件 A2：

$$Ms - Hys > Thresh$$

3.3.3.3 事件 A3

当从相邻小区接收的信号的测量值大于服务小区的测量值时，发生事件 A3：

$$Mn + Ofn + Ocn - Hys > Mp + Ofp + Ocp + Off$$

式中，Mn 是从相邻小区接收的信号的测量值；Ofn 是与相邻小区的频率相关联的特定偏移；Ocn 是链接到相邻小区的特定偏移；Mp 是从服务小区接收的信号的测量值；Ofp 是与服务小区的频率相关联的特定偏移；Ocp 是链接到服务小区的特定偏移；Off 是该事件的特定偏移。

对于版本 10，Mp 是在服务小区的主信道 PCell 上接收的电平的测量值。

当从相邻小区接收的信号的测量值小于服务小区的测量值时，停止事件 A3：

$$Mn + Ofn + Ocn + Hys < Mp + Ofb + Ocp + Off$$

3.3.3.4 事件 A4

当从相邻小区接收的信号的测量值大于阈值时，发生事件 A4：

$$Mn + Ofn + Ocn - Hys > Thresh$$

当从相邻小区接收的信号的测量值低于阈值时，停止事件 A4：

$$Mn + Ofn + Ocn - Hys < Thresh$$

3.3.3.5 事件 A5

在从服务小区接收的信号的测量值小于第一阈值，并且从相邻小区所接收的信号的测量值大于第二阈值时，发生事件 A5：

$$Mp + Hys < Thresh1$$
$$Mn + Ofn + Ocn - Hys > Thresh2$$

当从服务小区接收的信号的测量值大于第一阈值，并且从相邻小区中接收的信号的测量值小于第二阈值时，停止事件 A5：

$$Mp - Hys > Thresh1$$
$$Mn + Ofn + Ocn + Hys < Thresh2$$

3.3.3.6 事件 A6

当从相邻小区接收的信号的测量值大于从服务小区接收的信号的测量值时，发生在版本 10 中引入用于次级信道 SCell 的事件 A6：

$$Mn + Ocn - Hys > Ms + Ocs + Off$$

式中，*Ms* 是从服务小区的次级信道 SCell 接收的信号的测量值；*Ocs* 是链接到服务小区的次级信道 SCell 的特定偏移。

当从相邻小区接收的信号的测量值小于从服务小区接收的信号的测量值时，停止用于次级信道 SCell 的事件 A6：

$$Mn + Ocn + Hys < Ms + Ocs + Off$$

3.3.3.7　事件 B1

当从相邻 2G 或 3G 小区接收的信号的测量值大于阈值时，发生事件 B1：

$$Mn + Ofn - Hys > Thresh$$

当从相邻 2G 或 3G 小区接收的信号的测量值小于阈值时，停止事件 B1：

$$Ms + Ofn + Hys < Thresh$$

3.3.3.8　事件 B2

当从服务小区接收的信号的测量值小于第一阈值，并且从相邻 2G 或 3G 小区接收的信号的测量值大于第二阈值时，发生事件 B2：

$$Mp + Hys < Thresh1$$

$$Mn + Ofn - Hys > Thresh2$$

当从服务接收的信号的测量值得大于第一阈值，并且从相邻的 2G 或 3G 小区接收的信号的测量值小于第二阈值时，停止事件 B2：

$$Mp - Hys > Thresh1$$

$$Mn + Ofn + Hys < Thresh2$$

3.3.4　测量过滤

测量过滤包括对物理层传递的值进行加权。

通过应用以下关系来对每种类型的测量进行过滤：

$$F_n = (1 - a)F_{n-1} + aM_n$$

式中，F_n 是更新的过滤测量值；F_{n-1} 是先前的测量值，F_0 对应于从物理层接收的第一测量 M_1；$a = 1/2^{(k/4)}$，其中 k 是过滤系数；M_n 是从物理层接收的最后一个测量值。

3.3.5　测量报告

测量报告可以由事件触发，也可以定期返回或在事件发生后定期返回。

表 3-8 提供了与测量报告相关的消息的传输特性。

表 3-8　与测量报告相关的消息传输

SRB	RLC 模式	逻辑信道	传输信道	物理信道
SRB1	AM	DCCH	UL – SCH	PUSCH
测量报告				

3.4　广播控制

3.4.1　帧和子帧的配置

在版本 9 中，系统信息块 2（SIB2）引入了定义分配给多媒体广播多播服务（MBMS）的子帧的信息元"MBSFN 子帧配置"。

```
MBSFN-SubframeConfig
    radioframeAllocationPeriod
    radioframeAllocationOffset
    subframeAllocation
```

无线帧分配周期：此字段包含帧周期分配给 MBMS 服务的值（见图 3-1）。

无线帧分配偏移：此参数包含帧分配给 MBMS 服务的偏移的值（见图 3-1）：

"SFN mod 无线帧分配周期" = "无线帧分配偏移"

子帧分配：该参数定义分配给 MBMS 服务的子帧（在子帧 1，2，3，6，7，8 中，见图 3-1）。

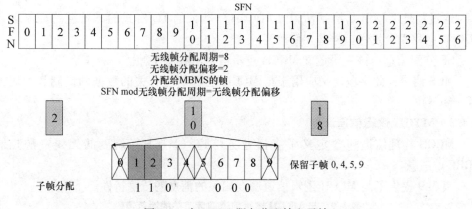

图 3-1　向 MBMS 服务分配帧和子帧

3.4.2　MCCH 逻辑信道调度

版本 9 中引入的 SIB13 系统信息从"MCCH 配置"信息元中提供有关多播控制信道（MCCH）调度的信息：

```
MCCH Config
    MCCH-RepetitionPeriod
    MCCH-Offset
    MCCH-ModificationPeriod
    sf-AllocInfo
    signallingMCS
```

MCCH 重复周期：此字段根据 MCCH 逻辑信道的帧的数量定义重复周期（见图 3-2）。

MCCH 偏移：该字段设置 MCCH 逻辑信道所在帧的偏移值：

"SFN mod MCCH 重复周期" = "MCCH 偏移"

MCCH 修改周期：此字段定义期间没有修改 MCCH 逻辑信道（见图 3-2）。期限无限制修改将满足以下关系：

"SFN mod MCCH 修改周期" = 0

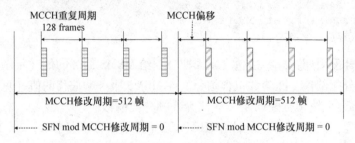

图 3-2　MCCH 逻辑信道调度

通过物理下行链路控制信道（PDCCH）携带的 1C 格式的下行链路控制信息（DCI）向移动台发送信号通知修改。

SF 分配信息：该字段定义 MCCH 逻辑信道所在的子帧。

MCS 信令：此字段定义应用于与 MCCH 逻辑信道有关的数据的调制和编码方案（MCS）。

3.4.3　MTCH 逻辑信道调度

MCCH 物理信道包含定义了多播业务信道（MTCH）调度的无线资源控制（RRC）消息。

表 3-9 提供了与 MCCH 逻辑信道调度相关的消息的传输特性。

表 3-9　与 MTCH 逻辑信道调度有关的消息传输

SRB	RLC 模式	逻辑信道	传输信道	物理信道
无应用	UM	MCCH	MCH	PMCH
MBSFN 区域配置				

由 eNB 实体发送的"MBSFN 区域配置"消息包含以下信息：

```
MBSFNAreaConfiguration
   commonSF-Alloc
   commonSF-AllocPeriod
   PMCH-infolist
```

公共 SF 分配：该字段定义分配给每个 MBMS 单频网络（MBSFN）区域的帧和子帧（见图 3-3）。

公共 SF 分配周期：该字段定义 MBSFN 区域的所有 MTCH 逻辑信道公共的子帧分配模式的周期性（见图 3-3）。

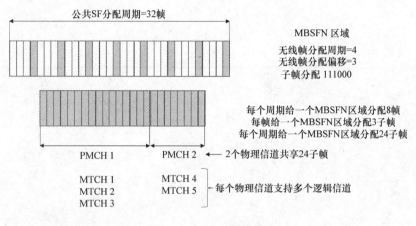

图 3-3　MTCH 逻辑信道调度

PMCH 信息列表：此字段定义分配给 MBSFN 区域的每个物理多播信道（PMCH）中的多个 MTCH 逻辑信道的复用以及应用于 PMCH 物理信道的调制和编码方案。

3.4.4　计数

计数消息在版本 10 中引入。

计数过程帮助多小区/多播协调实体（MCE）选择 MTCH 物理信道的传输模式、广播模式或单播模式：

1）如果一个程序中订阅的移动台的数量少，则单播模式最有效。单播模式允许使用多输入多输出（MIMO）传输模式和调制和编码方案的最优方案。

2）如果一个程序中订阅的移动台的数量多，则广播模式更有效。广播模式仅发送单个逻辑信道而不考虑程序中订阅的移动台的数量。

表 3-10 提供了与计数相关的消息的传输特性。

由 eNB 实体发送的“MBMS 计数请求”消息包含程序列表。

“MBMS 计数响应”消息由订阅到其中一个程序的每个移动台发送。

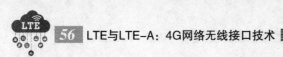

表 3-10　与计数相关的消息传输

SRB	RLC 模式	逻辑信道	传输信道	物理信道
无应用	UM	MCCH	MCH	PMCH
MBMS 计数请求				
SRB1	AM	DCCH	UL – SCH	PUSCH
MBMS 计数响应				

第4章

数据链路层

4.1 PDCP

分组数据汇聚协议（PDCP）用于无线资源控制（RRC），涉及专用的控制数据和与互联网协议（IP）分组有关的业务数据。

PDCP 执行以下功能：

1）业务数据头的压缩使用鲁棒报头压缩（ROHC）机制；

2）业务数据（机密性）和 RRC（完整性和机密性）的安全；

3）按 RRC 消息和 IP 分组的顺序传递；

4）在切换期间损失的 PDCP 帧的恢复。

几个 PDCP 实例可以同时被激活：

1）信令无线承载 SRB1 和 SRB2 的两个实例；

2）SRB1 承载用于传输可以支持非接入层（NAS）消息的 RRC 消息；

3）SRB2 承载仅用于 NAS 消息的传输；

4）用于与业务数据相关的每个数据无线承载（DRB）的一个实例。

4.1.1 过程

4.1.1.1 安全结构

图 4-1 描述了用于业务数据和 RRC 信令的安全密钥的实现。

在认证和密钥协议（AKA）机制的附着和发展的过程中，归属用户服务器（HSS）实体检索移动台的 Ki 密钥，生成一个随机数（RAND）并计算完整性密钥（Integrity Key，IK）和加密密钥（Cipher Key，CK）。

Ki 密钥是在订阅期间生成的，在 HSS 实体和移动之间共享一个密钥。

HSS 实体根据 IK 和 CK 密钥计算 K_{ASME} 密钥，并在 DIAMETER 消息中将 K_{ASME} 密钥和随机数发送到移动管理实体（MME）。

MME 实体根据 K_{ASME} 密钥计算 K_{eNB} 密钥，并在 S1 – AP 消息中将其传输到 eNB 实体。eNB 实体根据 K_{eNB} 密钥计算以下密钥：

1）用于 RRC 消息加密的 $CK_{eNB-RRC}$；

2）用于 RRC 消息完整性控制的 $IK_{eNB-RRC}$；

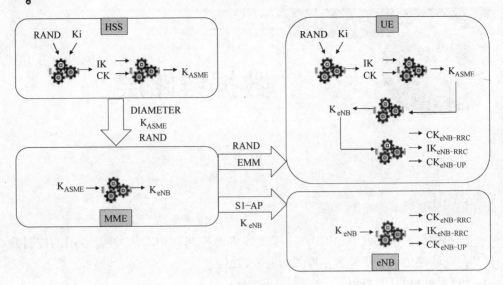

图4-1　安全密钥的生成

3）用于业务数据加密的 CK_{eNB-UP}。

MME 实体在 EPS 移动性管理（EMM）消息中向移动台发送随机数。

根据存储在通用集成电路卡（UICC）的通用用户识别模块（USIM）中的随机数和 Ki 密钥，移动台同时执行与 HSS、MME 和 eNB 实体相同的操作来计算用于 RRC 消息和业务数据的安全密钥。

4.1.1.2　头压缩

报头压缩基于 ROHC 机制，其多种算法已经被互联网工程任务组（Internet Engineering Task Force，IETF）标准组织的请求注释（RFC）规范定义（见表4-1）。

表4-1　压缩协议

配置文件标识符	压缩头	参考文献
0×0000	未压缩	RFC4995
0×0001	RTP/UDP/IP	RFC3095，RFC4815
0×0002	UDP/IP	RFC3095，RFC4815
0×0003	ESP/IP	RFC3095，RFC4815
0×0004	IP	RFC3843，RFC4815
0×0006	TCP/IP	RFC4996
0×0101	RTP/UDP/IP	RFC5225
0×0102	UDP/IP	RFC5225
0×0103	ESP/IP	RFC5225
0×0104	IP	RFC5225

头压缩是基于观察的，在一个会话中，许多字段是不变的，如 IP 地址或

端口号。有效载荷的大小相对较低时，头压缩尤其有效，比如语音（见图4-2）。

解压缩器使用PDCP反馈控制消息通知压缩器解压缩成功或压缩和解压缩之间的同步已丢失。

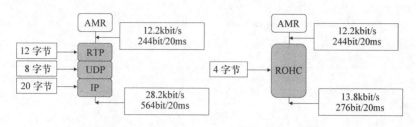

图4-2　报头压缩

4.1.1.3　切换期间的帧损失

只有在无线链路控制（RLC）协议使用确认模式时，PDCP才允许恢复在切换期间丢失的帧。

下行方向在切换过程中，源eNB实体向目标eNB实体发送一条"X2 – AP SN状态号"消息，该消息一方面提供发送到移动台的PDCP帧及其未确认的序列号（Sequence Number，SN），另一方面提供来自上行方向移动台非接收PDCP帧的SN。

当移动台连接到目标eNB实体时，丢失的帧是通过以下交换恢复的：

1）移动台向目标eNB实体发送提及下行方向丢失的PDCP帧的PDCP状态报告消息；

2）目标eNB实体向移动台发送提及上行方向丢失的PDCP帧的PDCP状态报告消息。

4.1.2　运转

4.1.2.1　与SRB承载相关的运转

图4-3描述了与SRB承载有关的运转。

在传输中，RRC消息遵循编号过程，该编号过程允许在接收机层面检测重复消息和排序。

完整性消息鉴权码（Message Authentication Code for Integrity，MAC – I）允许PDCP帧的完整性控制。

MAC – I消息鉴权码的计算根据以下完成：

1）PDCP帧包含PDCP头和RRC消息；

2）聚合超帧号（Hyper Frame Number，HFN）和PDCP帧序号COUNT参数；

3）表明数据传输是下行方向还是上行方向的DIR参数；

4）由系统信息2（SIB2）提供的承载参数；

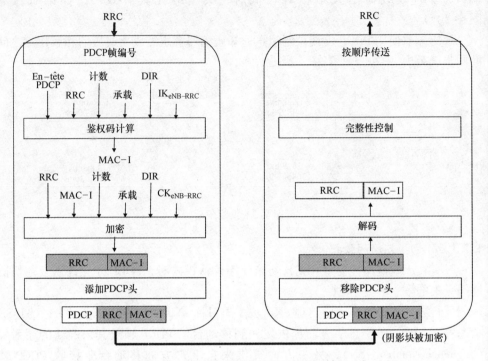

图 4-3　与 SRB 承载有关的 PDCP 运转

5）$IK_{eNB-RRC}$密钥。

使用 $CK_{eNB-RRC}$ 密钥对 RRC 消息和 MAC–I 鉴权码加密，然后由 PDCP 头封装形成发送到 RLC 层的 PDCP 帧。

从 RLC 层收到 PDCP 帧时，发生以下操作：

1）删除 PDCP 头；

2）RRC 消息和 MAC–I 鉴权码解密；

3）RRC 消息和 PDCP 头完整性控制；

4）RRC 消息按顺序交付。

4.1.2.2　与 DRB 承载有关的运转

图 4-4 描述了与 DRB 承载有关的运转。

在传输中 IP 分组遵循编号过程，该编号过程允许接收器检测重复或丢失的帧并进行排序。

仅在承认模式用于 RLC 层时，在切换期间使用这个编号过程并允许丢失的分组的重传请求。

IP 分组可能遵循 ROHC 头压缩以减少头的相对权重。

IP 分组使用 CK_{eNB-UP} 密钥进行加密。

加密的 IP 分组由 PDCP 报头封装形成发送到 RLC 层的 PDCP 帧。

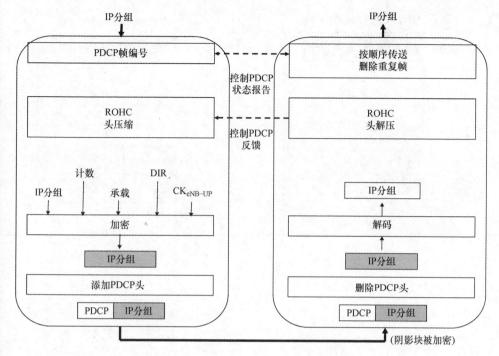

图4-4　与 DRB 承载有关的 PDCP 运转

从 RLC 层收到 PDCP 帧时，发生以下操作：

1）删除 PDCP 头；

2）IP 分组解密；

3）IP 分组可选解压；

4）重复的 PDCP 帧将被去除，IP 分组按顺序交付。

PDCP 反馈控制消息检查头压缩过程。

PDCP 状态报告控制消息允许恢复在切换时丢失的帧。

4.1.3　协议结构

PDCP 协议定义头以封装 RRC 信号数据，数据业务和与业务数据相关的控制消息。

PDCP 帧结构如图4-5 所示。

PDCP SN：该字段用 5bit 编码 RRC 信令数据，用 7bit 或 12bit 编码业务数据。这表示 PDCP 帧序列号，这个序列号允许恢复在切换期间损失的 PDCP 帧。

MAC – I：这个字段是 4 字节编码，它包含鉴权码来控制包含 RRC 信号数据的 PDCP 帧的完整性。

数据/控制（D／C）：该比特表明帧是否包含业务数据（比特值1）或特定于 PDCP 协议的控制消息（比特值0）。

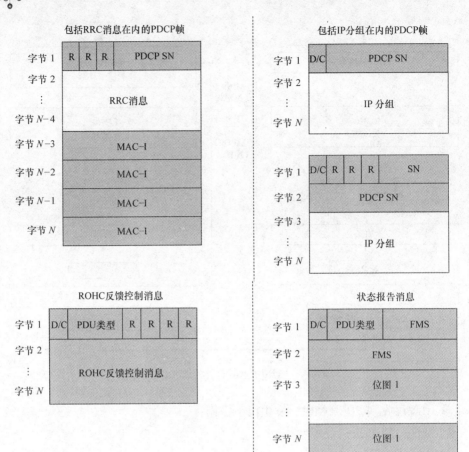

图 4-5　PDCP 帧结构

分组数据单元（PDU）类型：这个字段是 3bit 编码。它显示了与业务数据相关的控制消息类型：

1）状态报告（值 000）用于小区更换后的重建过程，它表示在切换期间没有收到的 PDCP 帧号的列表。

2）ROIIC 反馈（值 001）消息链接到 ROHC 报头压缩机制。

首次丢失（FMS）：这个字段是 12bit 编码。它包含丢失的 PDCP 帧的第一个序列号。

位图：这个字段是一个指示 PDCP 帧是否正确接收（比特值 1）或不是（比特值 0）的比特集。第一个字节最高有效位表示跟随 FMS 字段值的序列号。

4.2　RLC 协议

无线链路控制（RLC）协议提供移动台和 eNB 实体之间的无线链路控制。

移动台可以同时激活多个 RLC 实例，每个实例对应一个分组数据汇聚协议（PDCP）实例。

RLC 协议在三种操作模式下运转：

1）确认模式（AM）；

2）非确认模式（UM）；

3）没有头添加到数据的透明模式（TM）。

图 4-6 给出了各种流类型所使用的 RLC 协议的运转模式。

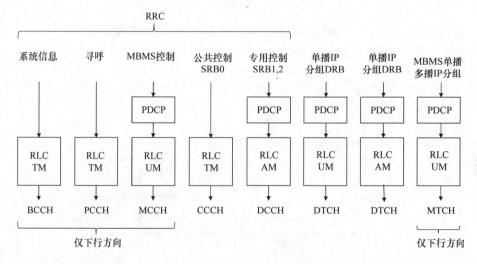

图 4-6　RLC 协议的运转模式

RLC 协议执行以下操作：

1）通过自动重传请求（ARQ）机制在错误的情况下重传，仅用于确认模式；

2）在确认模式和非确认模式下连接、分段和重组的 PDCP 帧；

3）在 RLC 帧重传期间，在确认模式中可能对 PDCP 帧进行重新分段；

4）在确认模式和非确认模式下对接收数据进行重排序；

5）在确认模式和非确认模式下检测重复数据。

4.2.1　运转

4.2.1.1　TM 模式

在传输时，无线资源控制（RRC）信息存储在存储器中，然后传输到介质访问控制（MAC）层。在接收时，从 MAC 层接收到的数据直接传输到 RRC 层。

图 4-7 描述了 TM 模式的运转。

4.2.1.2　UM 模式

在传输中，PDCP 帧存储在存储器中。当传输到 MAC 层时，PDCP 帧可能连接和/或分段，然后由 RLC 头封装。在接收时，从 MAC 层接收到的数据存储在存储器中。乱序后接收数据可以根据混合自动重传请求（HARQ）机制按顺序排列，然

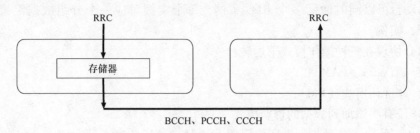

图 4-7　TM 模式运转

后移除 RLC 头。最后一个运转是重新组装段来重建原始 PDCP 帧。

图 4-8 描述了 UM 模式的运转。

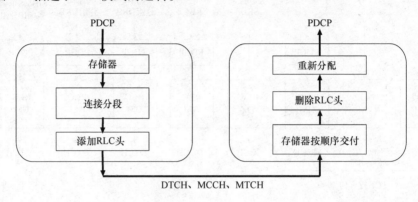

图 4-8　UM 模式运转

4.2.1.3　AM 模式

在传输时，PDCP 帧存储在存储器中。当传输到 MAC 层时，PDCP 帧可能连接和/或分段，然后由 RLC 头封装。发送的 RLC 帧存储在重发存储器中。从 MAC 层接收到的数据存储在存储器中并按顺序放置，然后移除 RLC 报头。最后一个运转是重新组装段来重建原始 PDCP 帧。可以从源到目的地发送请求以接收 RLC 帧接收的状态报告。从目的地向源发送 RLC 控制消息来肯定或否定应答 RLC 帧。如果没有正确接收 RLC 帧，则源将执行重传。如果已经修改了物理层的调制和编码方案（MCS），则可能为了重传而减小 RLC 帧的大小，并且在这种情况下，有必要执行重新分段。

图 4-9 描述了 AM 模式的运转。

4.2.2　协议结构

RLC 协议定义 UM 模式的头、AM 模式的头和控制消息。

4.2.2.1　UM 模式

头结构取决于序列号（SN）字段的大小和级联 PDCP 帧的数量。

图 4-10 描述了以下两种情况的 RLC 头：

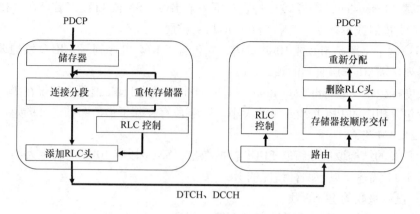

图4-9 AM模式运转

1）1个没有 PDCP 帧连接的 5bit SN 字段；

2）3个没有分段的 PDCP 帧连接的 5bit SN 字段。

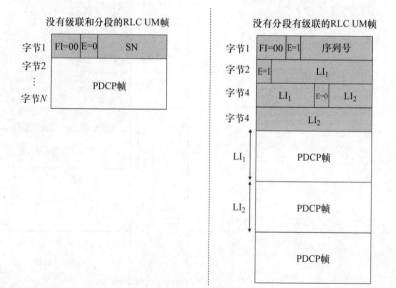

图4-10 RLC 帧结构：UM 模式

成帧信息（Framing Information, FI）：这个字段是 2bit 编码。它表明分段是否实现：

1）FI = 00，没有分段；

2）FI = 01，开始分段最后一个 PDCP 帧；

3）FI = 10，第一个 PDCP 帧的分段结束；

4）FI = 11，第一个 PDCP 帧的分段结束和最后一个 PDCP 帧的分段开始。

扩展（Extension，E）：该比特表明下一个字段（SN 或 LI）之后存在（比特值 1）RLC 头扩展或不存在（比特值 0）RLC 头扩展。

SN：这个字段是 5bit 或 10bit 编码，它包含了 RLC 帧序列号。RLC 帧的编号用于重排列从 MAC 子层收到的帧。

长度标识符（Length Indication，LI）：这个字段是 11bit 编码，其仅在级联时使用，它包含相应的 PDCP 帧或段的大小。LI 字段存在除了最后一帧之外的每一帧。

4.2.2.2 AM 模式

RLC 头的结构取决于级联 PDCP 帧的数量，SN 字段有 10bit 的固定大小。

图 4-11 描述了以下两种情况的 RLC 头：

1）没有级联的 PDCP 帧；

2）1 个 PDCP 字段分段和 2 个 PDCP 帧级联。

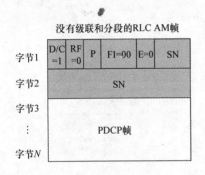

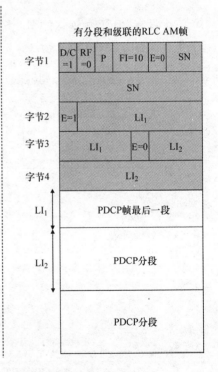

图 4-11　RLC 帧结构：AM 模式下的初始帧传输

数据/控制（Data/Control，D/C）：该比特表明帧是否包含 PDCP 帧（比特值 1）或控制消息（比特值 0）。

重分段标志（Reseqmentation Flag，RF）：该比特表明重传是否执行重分段（比特值 1）或不执行重分段（比特值 0）。

轮询（Polling，P）：该比特表明是否需要发送接收帧的确认报告，是（比特值1）或否（比特值0）。

在重传的 RLC 帧原始资源不可用的情况下，最初发送的 PDCP 帧必须能够进行分段。

图4-12 描述了以下两种情况的 RLC 头：

1）把 PDCP 帧作为段重传；

2）3 个 PDCP 帧重传，并把第一个 PDCP 帧作为段。

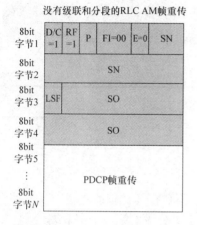

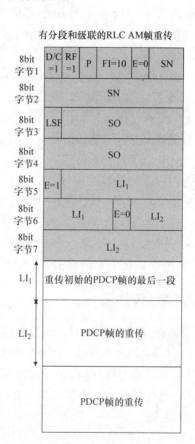

图 4-12　RLC 帧结构：AM 模式的帧重传

末段标记（Last Segment Flag，LSF）：该比特表明分段是否对应于初始 PDCP 帧的结束，是（比特值1）或否（比特值0）。

段偏置（Segment Offset，SO）：这个字段是 15bit 编码，表示该段在原始 PDCP 帧中的位置。它包含当前段的第一个字节的数字。

4.2.2.3　控制信息

控制消息涉及 RLC 帧确认和指示丢失的帧和帧段。

图4-13 描述了 RLC 协议控制消息。

PDU 控制类型（PDU Control Type, CPT）：这个字段是 3bit 编码，它表示控制消息类型。唯一定义消息与 RLC 帧接收的确认的报告。

确认 SN（Acknowledgment SN, ACK_SN）：这个字段是 10bit 编码，它表明下一个预期的帧的编号。所有编号小于此值的传输帧都被验证，除了编号在 NACK_SN 字段中的帧。

扩展 1（E1）：该比特指示 NACK_SN，紧随其后的 E1 和 E2 字段存在（比特值 1）或不存在（比特值 0）。

否定确认 SN（Negative Acknowledge SN, NACK_SN）：这个字段是 10bit 编码，它包含丢失的帧的编号。

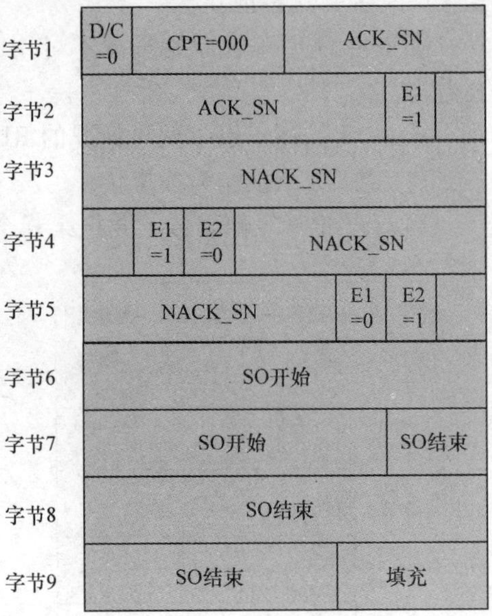

扩展 2（E2）：该比特表明 SO 开始和紧随其后的 SO 结束字段存在（比特值 1）或不存在（比特值 0）。

字节1	D/C=0	CPT=000	ACK_SN
字节2	ACK_SN		E1=1
字节3	NACK_SN		
字节4	E1=1	E2=0	NACK_SN
字节5	NACK_SN		E1=0　E2=1
字节6	SO开始		
字节7	SO开始		SO结束
字节8	SO结束		
字节9	SO结束		填充

图 4-13　RLC 协议控制信息

SO 开始：这个字段是 15bit 编码，它表明丢失分段的第一个字节编号。

SO 结束：这个字段是 15bit 编码，它表明丢失分段的最后一字节编号。

4.3　MAC 协议

介质访问控制（MAC）协议提供了以下功能：

1）从传输块中的多个实例复用无线链路控制（RLC）帧；

2）通过调度机制为两个传输方向分配资源；

3）通过混合自动重传请求（HARQ）机制在错误的情况下管理重传。

4.3.1　运转

4.3.1.1　eNB 侧运转

eNB 实体层面的运转如图 4-14 所示。

MAC 层将寻呼控制信道（PCCH）转移到寻呼信道（PCH）。

MAC 层将主信息块（MIB）消息从广播控制信道（BCCH）转移到广播信道（BCH）。

下行方向，MAC 层执行不同的逻辑信道到下行共享信道（DL－SCH）的多路复用。

下行方向复用的不同逻辑信道如下：

1）包含系统信息块（SIB）消息的 BCH 逻辑信道；

2）包含无线资源控制（RRC）共同控制消息的公共控制信道（CCCH）；

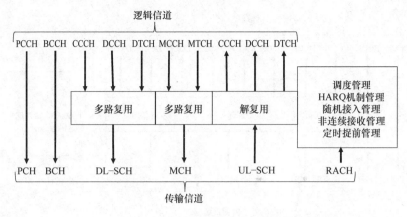

图 4-14 MAC 运转：eNB 侧

3）包含 RRC 专用控制消息的专用控制信道（DCCH）；

4）包含互联网协议（IP）分组的专用业务信道（DTCH）。

上行方向，MAC 层执行上行共享信道（UL – SCH）的解复用来恢复各种逻辑信道。

上行方向解复用产生的不同的逻辑信道如下：

1）包含 RRC 公共控制消息的 CCCH 逻辑信道；

2）包含 RRC 专用控制消息的 DCCH 逻辑信道；

3）包含 IP 分组的 DTCH 逻辑信道。

下行方向，MAC 层进行多播控制信道（MCCH）和多播业务信道（MTCH）到多播信道（MCH）的多路复用。

MAC 层控制实体执行以下功能：

1）两个传输方向不同的逻辑信道的调度管理；

2）HARQ 重传机制的管理；

3）随机接入信道（RACH）的接收的移动台随机接入管理；

4）非连续接收（Discontinuous Reception，DRX）的管理；

5）定时提前（Timing Advance，TA）的管理。

4.3.1.2 UE 侧运转

在用户设备（UE）侧的运转如图 4-15 所示。

MAC 层将 PCH 传输信道转移到 PCCH 逻辑信道。

MAC 层将 BCH 传输信道的 MIB 消息转移到 BCCH 逻辑信道。

上行方向，MAC 层进行不同逻辑信道到 UL – SCH 传输信道的多路复用。

上行方向多路复用的不同逻辑信道如下：

1）包含 RRC 公共控制消息的 CCCH 逻辑信道；

2）包含 RRC 专用控制消息的 DCCH 逻辑信道；

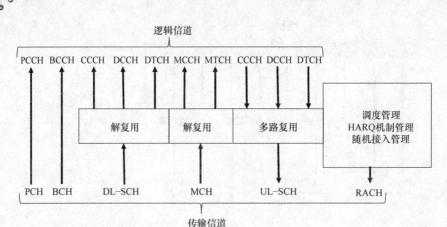

图 4-15　MAC 运转：UE 侧

3）包含 IP 分组的 DTCH 逻辑信道。

下行方向，MAC 层对 DL - SCH 传输信道进行解复用以恢复不同的逻辑信道。

下行方向解复用产生的不同逻辑信道如下：

1）包含 SIB 消息的 BCH 逻辑信道；

2）包含 RRC 公共控制消息的 CCCH 逻辑信道；

3）包含 RRC 专用控制消息的 DCCH 逻辑信道；

4）包含 IP 分组的 DTCH 逻辑信道。

下行方向，MAC 层进行 MCH 传输信道的解复用以恢复 MCCH 和 MTCH 逻辑信道。

MAC 层控制实体执行以下功能：

1）由 eNB 实体分配的资源中不同的逻辑信道的调度管理；

2）HARQ 重传机制的管理；

3）RACH 传输信道的生成。

4.3.2　协议结构

MAC 协议定义了多路复用来自不同实例和 MAC 协议控制元素的 RLC 帧的报头。

因此，MAC 协议的全局报头由一组报头单元组成，每个报头单元与 RLC 帧或控制元件有关。

RLC 帧或控制元件的级联顺序对应于报头单元的级联顺序。

与控制元件有关的报头位于与 RLC 帧相关的报头之前。

图 4-16 描述了通用 MAC 帧结构。每个头单元的大小为 2 字节或 3 字节，具体取决于字段长度（Length，L）的大小。

扩展（E）：该比特表明下一报头单元存在（比特值 1）或不存在（比特值 0）。

格式（Format，F）：该比特指定长度（L）字段格式，编码为 7bit（比特值 1）

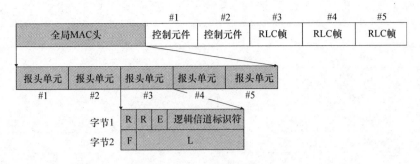

图4-16 MAC 帧结构

或15bit（比特值0）。

逻辑信道标识符（LCID）：这个字段是5bit编码。它表明逻辑信道实例标识符或控制元件的类型（见表4-2~表4-4）。

分配给DCCH和DTCH逻辑信道是标识符在连接过程中定义的。

表4-2　DL-SCH 传输信道的 LCID 字段值

描述	值
CCCH 逻辑信道标识符	00000.
DCCH 和 DTCH 逻辑信道标识符	00001 ~ 01010
保留	01011 ~ 11010
ADM 激活/去激活	11011
UE 竞争解决标识（CRI）	11100
定时提前（TA）	11101
非连续接收（DRX）	11110.
填充	11111.

注：版本10中引入的控制元件被覆盖。

表4-3　UL-SCH 传输信道的 LCID 字段值

描述	值
CCCH 逻辑信道标识符	00000.
DCCH 和 DTCH 逻辑信道标识符	00001 ~ 01010
保留	01011 ~ 11000
PHR 备用功率可用（扩展）	11001.

（续）

描述	值
PHR 备用功率可用	11010.
C – RNTI 标识符	11011.
BSR 内存状态（截断报告）	11100
BSR 内存状态（短报告）	11101
BSR 内存状态（长报告）	11110
填充	11111

注：版本10中引入的控制元件被覆盖。

表4-4 MCH 传输信道的 LCID 字段值

描述	值
MCCH 逻辑信道标识符	00000
MTCH 逻辑信道标识符	00001 ~ 11100
保留	11101
MSI 调度信息	11110
填充	11111

MAC 随机接入响应（Random Access Response，RAR）帧是 eNB 实体响应接收移动台的随机接入尝试而使用的特定帧。

和之前一样，全局报头包含报头单元的集合。第一个报头可能是一个提供延迟指示的特定报头。

图4-17 描述了具有延迟指示的 MAC RAR 帧的总体结构。

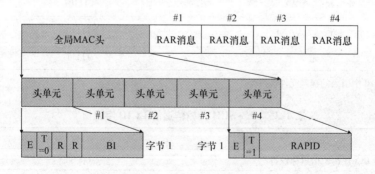

图4-17 MAC RAR 帧结构

扩展（E）：该比特值表明下一报头单元存在（比特值1）或不存在（比特值0）。

类型（Type，T）：该比特值提供了报头单元结构的指示（对于 BI，T = 0，对于

RAPID,T=1）。

随机接入前导码标识符（Random Access Preamble Identifier，RAPID）：这个字段是6bit编码，包含移动台用于随机接入eNB实体的前导码的标识符。

回退标识符（Backoff Indicator，BI）：这个字段是4bit编码，提供物理随机接入信道（PRACH）上的前导码的两个连续传输之间的延迟值。

RAR消息包含以下信息：

1）使上行方向移动同步的定时提前（TA）；

2）为上行方向分配资源（UL授权），以便移动台可以发送以下RRC消息：

① 连接请求；

② 连接重建请求；

③ 切换期间连接重新配置完成；

3）分配给移动台的临时小区无线网络临时标识符（Temporary Cell Radio Network Temporary Identifier，TC – RNTI）。

4.3.3 控制元件

4.3.3.1 BSR控制元件

缓冲区状态报告（Buffer Status Report，BSR）控制元件由移动台发送以提供存储器状态，从而获得用于物理上行链路共享信道（PUSCH）中传输的资源。

可以周期性地，或者当新的和优先级数据存储在存储器中时，又或者当MAC帧填充字段的大小大于控制元件的大小时发送BSR控制元件。

短报告和截断报告提供单个存储器的状态并包含两个字段：

1）标识分配给该存储器的逻辑信道组的逻辑信道组（Logical Channel Group，LCG）ID字段；

2）包含对应于存储器中可用数据大小的索引的缓冲区大小字段。

长报告提供了所有存储器的状态，并包含与四个逻辑信道组对应的四个缓冲区大小字段。

4.3.3.2 C – RNTI控制元件

小区无线网络临时标识符（C – RNTI）控制元件包含在随机接入期间分配给移动台的标识符。

C – RNTI控制元件和"RRC连接设置消息"由eNB实体同时发送。

4.3.3.3 DRX控制元件

非连续接收（DRX）控制元件允许不连续接收从而延长电池的寿命。

如果移动台是闲置的，那么在RRC – IDLE状态，非连续接收可以避免分析所有的物理下行控制信道（PDCCH）来检测寻呼的存在。

如果移动台是连接的，那么在RRC – CONNECTED状态，非连续接收可以避免分析所有PDCCH物理信道来检测在物理下行共享信道（PDSCH）的数据的存在或物理上行链路控制信道（PUCCH）的功率命令或PUSCH物理信道的功率命令。

4.3.3.4 UE CRI 控制元件

竞争解决标识（Contention Resolution Identity，CRI）控制元件和"RRC 连接设置消息"由 eNB 实体同时发送。

如果移动台附着到移动性管理实体（MME），则 UECRI 控制元件包含缩短的临时移动用户标识（S – TMSI），否则包含随机值。

在 TC – RNTI 标识符的分配中，一些移动台可以认为自己是持有者，然后 UE-CRI 控制元件解决竞争。

4.3.3.5 TA 控制元件

定时提前（TA）控制元件包含由 eNB 实体发送的定时提前值。

TA 控制元件确保传输从几个 eNB 实体层同步的移动台发送的数据。

4.3.3.6 PHR 控制元件

功率余量（Power HeadRoom PHR）控制元件包含移动台功率储备的指示，以及最大功率和用于 PUSCH 物理信道的功率之间的差异。

PHR 控制元件由移动台周期性地发送，周期性由 eNB 实体发送的"RRC 连接设置"或"连接重配置"消息指示。

当由于传播引起的衰减的变化大于在相同的 RRC 消息中指示的阈值时，也发送 PHR 控制元件。

版本 10 引入了一个新的控制元件，用于指示每个聚合分量载波（Component Carrier，CC）的功率储备。

4.3.3.7 MSI 控制元件

调度信息（MCH Scheduling Information，MSI）控制元件指示多播信道的调度信息（MCH）。

如果 MCH 传输信道分配的数据多于 MTCH 物理信道所需的数据，则 MSI 控制元件指示 MTCH 物理信道的结束。

4.3.3.8 ADM 控制元件

激活/去激活 MAC（Activation/Deactivation MAC，ADM）控制元件在版本 10 中引入，涉及 SCell 次级无线信道的激活和去激活。

当"RRC 连接设置"或"连接重配置"消息预先建立了无线信道时，使用 ADM 控制元件。

控制元件节省了移动台的消耗，快速去激活的 SCell 无线信道，允许移动台避免与该信道相关的处理。

第5章

物 理 层

5.1 频率规划

5.1.1 频带

两个传输方向的介质使用频分双工（FDD）模式中的两个匹配带宽或时分双工（TDD）模式中的单个带宽。

FDD 模式的每个传输方向在分配的带宽中同时起作用。

对于 TDD 模式，两个传输方向在相同带宽中起作用，每个方向分配一定的时间量。

表 5-1 显示了 FDD 模式下用于无线接口的频带。

除了频带 13、14、20 和 24 之外，在上行链路方向上分配的频带值低于在下行链路方向上分配的频带值，以便获得更好的传播条件。

在版本 9 和版本 10 中从频率规划中移除了频带 6，并用频带 19 替换。

表 5-1 频率规划：FDD 模式

编号	上行链路频带	下行链路频带
1	1920 ~ 1980MHz	2110 ~ 2170MHz
2	1850 ~ 1910MHz	1930 ~ 1990MHz
3	1710 ~ 1785MHz	1805 ~ 1880MHz
4	1710 ~ 1755MHz	2110 ~ 2155MHz
5	824 ~ 849MHz	869 ~ 894MHz
6	830 ~ 840MHz	875 ~ 885MHz
7	2500 ~ 2570MHz	2620 ~ 2690MHz
8	880 ~ 915MHz	925 ~ 960MHz
9	1749.9 ~ 1784.9MHz	1844.9 ~ 1879.9MHz
10	1710 ~ 1770MHz	2110 ~ 2170MHz
11	1427.9 ~ 1447.9MHz	1475.9 ~ 1495.9MHz
12	699 ~ 716MHz	729 ~ 746MHz

（续）

编号	上行链路频带	下行链路频带
13	777 ~ 787 MHz	746 ~ 756 MHz
14	788 ~ 798 MHz	758 ~ 768 MHz
17	704 ~ 716 MHz	734 ~ 746 MHz
18	815 ~ 830 MHz	860 ~ 875 MHz
19	830 ~ 845 MHz	875 ~ 890 MHz
20	832 ~ 862 MHz	791 ~ 821 MHz
21	1447.9 ~ 1462.9 MHz	1495.9 ~ 1510.9 MHz
22	3410 ~ 3490 MHz	3510 ~ 3590 MHz
23	2000 ~ 2020 MHz	2180 ~ 2200 MHz
24	1626.5 ~ 1660.5 MHz	1525 ~ 1559 MHz
25	1850 ~ 1915 MHz	1930 ~ 1995 MHz

表 5-2 显示了在 TDD 模式下用于无线接口的频带。

表 5-2 频率规划：TDD 模式

编号	频带
33	1900 ~ 1920 MHz
34	2010 ~ 2025 MHz
35	1850 ~ 1910 MHz
36	1930 ~ 1990 MHz
37	1910 ~ 1930 MHz
38	2570 ~ 2620 MHz
39	1880 ~ 1920 MHz
40	2300 ~ 2400 MHz
41	2496 ~ 2690 MHz
42	3400 ~ 3600 MHz
43	3600 ~ 3800 MHz

频带 33 ~ 40 在版本 8 中定义。

频带 41 ~ 43 在版本 10 中引入。

5.1.2 无线信道

无线信道的带宽是灵活的，可以取多个值。无线信道由子载波的正交频分复用（OFDM）构成。子载波间的步长对于下行方向为 15 kHz 或 7.5 kHz，对于上行方向为 15 kHz。

表 5-3 显示了无线信道带宽的总和有用值以及 15 kHz 间隔的子载波数。

表5-3　无线信道的带宽

无线信道的带宽	1.4MHz	3MHz	5MHz	10MHz	15MHz	20MHz
有用带宽	1.08MHz	2.7MHz	4.5MHz	9MHz	13.5MHz	18MHz
子载波数	72	180	300	600	900	1200

eNB 实体可以在每个覆盖小区中使用相同的频带。为避免干扰，设置了以下规划（见图5-1）：

1）整个频谱用于小区的中心区域，其由相邻小区产生的干扰较低；

2）一部分频谱用于小区的外围区域，这有助于消除相邻小区的干扰。小区间干扰协调（Inter – Cell Interface Coordination，ICIC）机制有助于根据业务量在小区之间动态划分频谱。

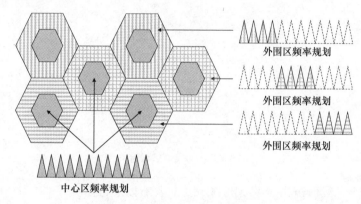

图5-1　小区之间的无线信道划分

"X2 – AP LOAD INFORMATION" 消息提供了小区费用的指示，该消息可能包含以下信息：

1）上行链路方向，干扰过载指示（Interference Overload Indication，IOI）信息与 eNB 实体检测到的干扰有关。接收该信息的 eNB 实体必须降低移动台发出的电平。

2）上行链路方向，高干扰指示（High Interference Indication，HII）信息通过显示受影响的带宽与 eNB 实体检测到的干扰有关。对于上行链路方向，接收该信息的 eNB 实体必须避免使用指示的带宽，以及位于小区外围的移动台的带宽。

3）相对窄带发射功率（Relative Narrow band Tx Power，RNTP）信息与 eNB 实体产生的功率的减少有关。接收该信息的 eNB 实体将其包括在业务调度机制中。

5.1.3　无线信道的聚合

无线信道的载波聚合（CA）在版本10中引入。无线信道的聚合涉及将多个分量载波（CC）的使用结合起来以增加小区吞吐量。在5个无线信道上可以发生带宽最大值为100MHz的聚合。

无线信道可以根据几种模式进行聚合（见图5-2）：

1）无线电信道在相同的频带中可以是连续的；

2）无线电信道在相同的频带内可以是非连续的；

3）无线电信道可以位于不同的频带中。

与无线信道聚合相关的符号决定了无线电信道的频带和带宽类别（见图5-2）。

A类对应于小于或等于20MHz的无线电信道的带宽。

C类对应于小于或等于40MHz的无线电信道的带宽。

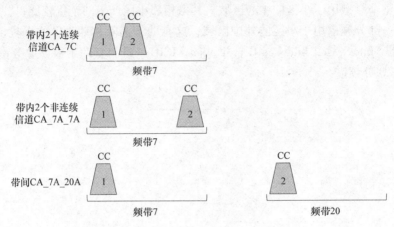

图5-2　无线信道聚合

其中一个无线信道构成主小区PCell，它具有以下特征：

1）随机接入和RRC连接的机制仅发生在主小区PCell上；

2）与移动性和会话管理相关的非接入层（NAS）消息仅在主小区PCell中发送。

其他无线信道构成从小区SCell。

5.1.4　无线信道的编号

从E – UTRA绝对无线频率信道号（E – UTRA Absolute Radio Frequency Channel Number，EARFCN）开始确定无线信道的中心频率，其可以是0～65535之间的值。

对于下行链路方向，EARFCN号（N_{DL}）与无线信道（F_{DL}）的中心频率之间的关系由以下公式提供：

$$F_{DL} = F_{DL\_low} + 0.1 \ (N_{DL} - N_{Offs-DL})$$

对于上行链路方向，EARFCN号（N_{UL}）与无线信道（F_{UL}）的中心频率之间的关系由以下公式提供：

$$F_{UL} = F_{UL\_low} + 0.1 \ (N_{UL} - N_{Offs-UL})$$

表5-4提供了用于计算下行链路方向和FDD模式的无线信道中心频率的参数。

表5-5提供了用于计算上行链路方向和FDD模式的无线信道中心频率的参数。

表 5-4 下行链路方向和 FDD 模式的无线信道中心频率的计算参数

编号	F_{DL_low}	$N_{Offs-DL}$	N_{DL}
1	2110	0	0 ~ 599
2	1930	600	600 ~ 1199
3	1805	1200	1200 ~ 1949
4	2110	1950	1950 ~ 2399
5	869	2400	2400 ~ 2649
6	875	2650	2650 ~ 2749
7	2620	2750	2750 ~ 3449
8	925	3450	3450 ~ 3799
9	1844.9	3800	3800 ~ 4149
10	2110	4150	4150 ~ 4749
11	1475.9	4750	4750 ~ 4949
12	729	5010	5010 ~ 5179
13	746	5180	5180 ~ 5279
14	758	5280	5280 ~ 5379
17	734	5730	5730 ~ 5849
18	860	5850	5850 ~ 5999
19	875	6000	6000 ~ 6149
20	791	6150	6150 ~ 6449
21	1495.9	6450	6450 ~ 6599
22	3510	6600	6600 ~ 7399
23	2180	7500	7500 ~ 7699
24	1525	7700	7700 ~ 8039
25	1930	8040	8040 ~ 8689

表 5-5 上行链路方向和 FDD 模式的无线信道中心频率的计算参数

编号	F_{UL_low}	$N_{Offs-UL}$	N_{UL}
1	1920	18000	18000 ~ 18599
2	1850	18600	18600 ~ 19199
3	1710	19200	19200 ~ 19949
4	1710	19950	19950 ~ 20399
5	824	20400	20400 ~ 20649
6	830	20650	20650 ~ 20749
7	2500	20750	20750 ~ 21449

（续）

编号	F_{UL_low}	$N_{Offs-UL}$	N_{UL}
8	880	21450	21450~21799
9	1749.9	21800	21800~22149
10	1710	22150	22150~22749
11	1427.9	22750	22750~22949
12	699	23010	23010~23179
13	777	23180	23180~23279
14	788	23280	23280~23379
17	704	23730	23730~23849
18	815	23850	23850~23999
19	830	24000	24000~24149
20	832	24150	24150~24449
21	1447.9	24450	24450~24599
22	3410	24600	24600~25399
23	2000	25500	25500~25699
24	1626.5	25700	25700~26039
25	1850	26040	26040~26689

表5-6 提供了用于计算 TDD 模式的无线信道中心频率的参数。

表5-6　TDD 模式的无线信道中心频率的计算参数

编号	F_{DL_low} F_{UL_low}	$N_{Offs-DL}$ $N_{Offs-UL}$	N_{DL} N_{UL}
33	1900	36000	36000~36199
34	2010	36200	36200~36349
35	1850	36350	36350~36949
36	1930	36950	36950~37549
37	1910	37550	37550~37749
38	2570	37750	37750~38249
39	1880	38250	38250~38649
40	2300	38650	38650~39649
41	2496	39650	39650~41589
42	3400	41590	41590~43589
43	3600	43590	43590~45589

5.2 复用结构

5.2.1 时分复用

根据频分双工（FDD）或时分双工（TDD）模式定义两种时间帧结构。

上行链路方向上不同移动台信号的发送必须在时间上与 eNB 实体的接收对齐。

因此，移动台必须在时间上由 eNB 实体同步，eNB 实体向它们传送定时提前（TA），以应用于上行链路方向。

5.2.1.1 1 型帧的结构

为 FDD 模式定义的 1 型结构持续 10ms，包含 10 个子帧（见图 5-3）。每个子帧由 2 个时隙组成。

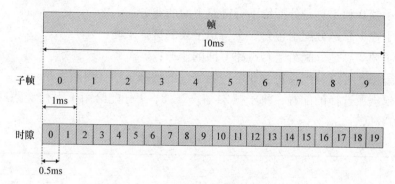

图 5-3　FDD 模式下帧的结构

5.2.1.2 2 型帧的结构

为 TDD 模式定义的 2 型结构也持续 10ms，并包含 2 个每个 5ms 的半帧（见图 5-4）。

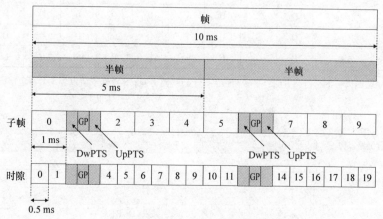

图 5-4　TDD 模式下帧的结构

每个半帧由 5 个子帧组成，第二个半帧可以对应于包含 3 个特定字段的特殊子帧：

1）下行链路方向上的下行链路导频时隙（DwPTS）的字段，该字段可以包含数据；

2）上行链路方向上的上行链路导频时隙（UpPTS）的字段，该字段可以包含数据或前导码；

3）前两个字段之间的间隙期（GP）字段，该间隔时间有助于补偿不同移动台之间的时间差，并避免两个传输方向之间的重叠。

根据分级配置，子帧归因于上行链路和下行链路方向的数据（见表 5-7 和图 5-5）：

1）子帧 0 和 5 总是分配给下行链路方向的业务；

2）子帧 1 总是分配给包含 3 个特定字段的特殊子帧；

3）子帧 2 总是分配给上行链路方向的业务；

4）子帧 6 可以分配给包含 3 个特定字段的特殊子帧，周期为 5ms；

5）根据所选择的配置，将子帧 3，4，7，8，9 分配给用于下行链路或上行链路方向的数据。

表 5-7　TDD 帧的配置

配置	周期	子帧编号									
		0	1	2	3	4	5	6	7	8	9
0	5ms	D	S	U	U	U	D	S	U	U	U
1	5ms	D	S	U	U	D	D	S	U	U	D
2	5ms	D	S	U	D	D	D	S	U	D	D
3	10ms	D	S	U	U	U	D	D	D	D	D
4	10ms	D	S	U	U	D	D	D	D	D	D
5	10ms	D	S	U	D	D	D	D	D	D	D
6	5ms	D	S	U	U	U	D	S	U	U	D

注：D 子帧归因于下行链路方向；U 子帧归因于上行链路方向；S 特殊子帧包含 3 个特定字段。

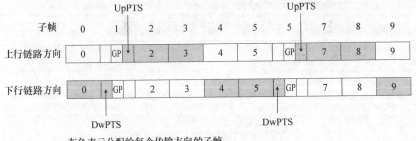

灰色表示分配给每个传输方向的子帧

图 5-5　TDD 帧的结构：配置 1

表5-8中描述了特殊子帧的结构。

表5-8 特殊子帧的结构

特殊子帧配置	下行方向的正常循环前缀			下行方向的扩展循环前缀		
	DwPTS	UpPTS		DwPTS	UpPTS	
		正常循环前缀	扩展循环前缀		正常循环前缀	扩展循环前缀
0	$6592T_s$	$2192T_s$	$2560T_s$	$7680T_s$	$2192T_s$	$2560T_s$
1	$19760T_s$			$20480T_s$		
2	$21952T_s$			$23040T_s$		
3	$24144T_s$			$25600T_s$		
4	$26336T_s$			$7680T_s$		
5	$6592T_s$	$4384T_s$	$5120T_s$	$20480T_s$	$4384T_s$	$5120T_s$
6	$19760T_s$			$23040T_s$		
7	$21952T_s$			—	—	—
8	$24144T_s$			—	—	—

注：$T_s = 1/(15000 \times 2048)$ s。

5.2.1.3 时隙的结构

每个时隙由3个或6个或7个正交频分复用（OFDM）符号组成（见图5-6）。

图5-6 时隙的结构

一个符号对应于多个比特值，这取决于所使用的调制：

1）在正交相移键控（Quadrature Phase – Shift Keying, QPSK）调制的情况下为2bit，其星座包含4个不同的符号；

2）在16正交幅度调制（16QAM）的情况下为4bit，其系列包含16个不同的符号；

3）在64QAM调制的情况下为6bit，其系列包含64个不同的符号。

在 OFDM 符号之间引入保护间隔有助于消除符号间干扰。

时隙的保护间隔在 OFDM 符号的开头，它包含符号末尾的副本，以避免放大器的动态特性，此副本称为循环前缀（Cyclic Prefix，CP）（见图 5-6）。

正常循环前缀用于不同反射信号之间的延迟较小的情况，小直径小区就是这种情况（见图 5-6 和表 5-9）。

扩展循环前缀用于不同反射信号之间的延迟很大的情况，大直径小区就是这种情况（见图 5-6 和表 5-9）。

表 5-9　循环前缀的长度

下行链路方向		循环前缀的长度
正常循环前缀	$\Delta f = 15\text{kHz}$	$l = 0$ 时，$160T_s$ $l = 1, 2, \cdots, 6$ 时，$144T_s$
扩展循环前缀	$\Delta f = 15\text{kHz}$	$l = 0, 1, \cdots, 5$ 时，$512T_s$
	$\Delta f = 7.5\text{kHz}$	$l = 0, 1, 2$ 时，$1024T_s$
上行链路方向		循环前缀的长度
正常循环前缀		$l = 0$ 时，$160T_s$ $l = 1, 2, \cdots, 6$ 时，$144T_s$
扩展循环前缀		$l = 0, 1, \cdots, 5$ 时，$512T_s$

注：Δf 为子载波之间的步进；l 为时隙内符号的编号。

5.2.2　资源块

资源元素（Resure Element，RE）是可归属于信号的最小单位（见图 5-7）。
资源元素对应于时域中的 OFDM 符号和频域中的子载波。

资源块（Resure Block，RB）是归属于移动台的资源单元（见图 5-7）。
资源块对应于时域中的 0.5ms（1 时隙）并且对应于频域中的 180kHz。

资源元素由（k，l）对标识，k 表示频域中的子载波索引，l 表示时域中的 OFDM 符号索引：

下行链路方向 $k = 0, \cdots, N_{RB}^{DL} N_{sc}^{RB} - 1$ 并且 $l = 0, \cdots, N_{symb}^{DL} - 1$

上行链路方向 $k = 0, \cdots, N_{RB}^{UL} N_{sc}^{RB} - 1$ 并且 $l = 0, \cdots, N_{symb}^{UL} - 1$

频域中的资源块数（N_{RB}^{DL} 或 N_{RB}^{UL}）取决于无线信道的带宽（见表 5-10）。

每个资源块的子载波和 OFDM 符号的数量取决于子载波之间的间隔和循环前缀的大小（见表 5-11）。

对于正常循环前缀，资源块包含 84 个资源元素（7 个 OFDM 符号 × 12 个子载波）（见表 5-11）。

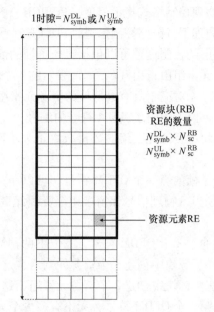

N_{symb}^{DL} 或 N_{symb}^{UL} 是在一个时隙中下行链路方向(DL)OFDM符号的数量或上行链路方向(UL)OFDM符号的数量

N_{sc}^{RB} 是频域中资源块(RB)的子载波数

N_{RB}^{DL} 或 N_{RB}^{UL} 是在频域中无线信道的频带中的资源块(RB)的数量

1时隙=N_{symb}^{DL} 或 N_{symb}^{UL}

资源块(RB) RE的数量
$N_{symb}^{DL} \times N_{sc}^{RB}$
$N_{symb}^{UL} \times N_{sc}^{RB}$

资源元素RE

图 5-7 资源块的结构

表 5-10 频域的无线信道的结构

带宽/MHz	1.4	3	5	10	15	20
有用带宽/MHz	1.08	2.7	4.5	9	13.5	18
资源块数量	6	15	25	50	75	100

对于扩展循环前缀，资源块包含 72 个资源元素（6 个 OFDM 符号 ×12 个子载波或 3 个 OFDM 符号 ×24 个子载波）（见表 5-11）。

表 5-11 资源块参数

下行链路方向		N_{sc}^{RB}	N_{symb}^{DL}
正常循环前缀	$\Delta f = 15\,\text{kHz}$	12	7
扩展循环前缀	$\Delta f = 15\,\text{kHz}$		6
	$\Delta f = 7.5\,\text{kHz}$	24	3
下行链路方向		N_{sc}^{RB}	N_{symb}^{UL}
正常循环前缀		12	7
扩展循环前缀		12	6

5.2.3 资源元素组

资源元素组（Resource Element Group，REG）是物理层的控制信道使用的特定结构：

1）物理 HARQ 指示信道（PHICH）；

2）物理控制格式指示信道（PCFICH）；

3）物理下行链路控制信道（PDCCH）。

物理层的控制信道可以包括每个子帧的前 3 个 OFDM 符号。

资源元素组由索引（k'，l'）表示的 4 个资源元素组成：

$k' = k$，k 对应于具有最低值的资源元素组的子载波的索引。

l' 对应于时隙中的 OFDM 符号的编号。

资源块中资源元素组的数量取决于为小区特定参考信号（RS）保留的资源元素的数量。

对于子帧的第一个 OFDM 符号，可以在资源块中创建 2 个资源元素组，系统地为小区特定 RS 物理信号保留了 4 个资源元素。这对应于使用 2 个天线端口（见图 5-8）。

子帧的第 2 个 OFDM 符号，有以下两种情况（见图 5-8）：

1）在资源块中创建 3 个资源元素组，这对应于使用 2 个天线端口；

2）在资源块中创建 2 个资源元素组，这对应于使用 4 个天线端口。

对于第 3 个 OFDM 符号，无论有多少个天线端口，都会在资源块中创建 3 个资源元素组（见图 5-8）。

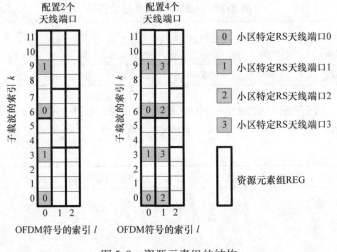

图 5-8　资源元素组的结构

5.3　传输链

物理层和介质访问控制（MAC）之间接口上的数据是传输块或物理层的控制信息的形式。

传输链由两个子集组成，其接口由物理信道组成：

1）对于每个传输方向，第一子集包括检测和纠错码以及速率匹配。

2）对于下行链路方向，第二子集包括调制、空间层上的映射、预编码、资源元素上的映射以及用于生成正交频分多址的快速傅里叶逆变换（IFFT）的调制（OFDMA）信号（见图5-9）。

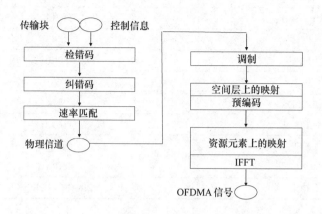

图5-9　传输链：下行链路方向

3）对于上行链路方向，第二子集包括调制、资源元素上的映射和快速傅里叶逆变换（IFFT）。单载波频分多址（Single Carrier Frequency Division Multiple Access，SC–FDMA）信号的产生引入了快速傅里叶变换（FFT）。空间层上的映射和预编码仅适用于版本10（见图5-10）。

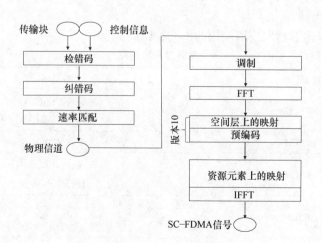

图5-10　传输链：上行链路方向

表5-12中描述了物理信道上的传输块和控制信息的映射。

表 5-12 物理信道上的映射

传输块	物理信道
UL – SCH	PUSCH
RACH	PRACH
DL – SCH	PDSCH
PCH	PDSCH
BCH	PBCH
MCH	PMCH
控制信息	物理信道
DCI	PDCCH
CFI	PCFICH
HI	PHICH
UCI	PUCCH、PUSCH

5.3.1 检错码

检错码由循环冗余校验（Cyclic Redundancy Check，CRC）代码提供。

CRC 结构是由生成多项式发送的数据块划分的剩余部分，其余部分由循环冗余比特值组成。

如果由传输块和循环冗余比特组成的集合大于 6144bit，则该集合被分成代码块，并且每个段必须具有其自己的检错码。

接收器层的检错码允许检测残留错误，这反过来使得能够触发混合自动重传请求（HARQ）机制。

表 5-13 概述了物理信道使用的不同检错码。

表 5-13 检错码

物理信道	检错码
PUSCH	传输块：CRC 24A 分段：CRC 24B
PUCCH	CRC 8
PDSCH	传输块：CRC 24A 分段：CRC 24B
PBCH	CRC 16
PMCH	传输块：CRC 24A 分段：CRC 24B
PDCCH	CRC 16

5.3.2 纠错码

表5-14概述了物理信道使用的不同纠错码。

表5-14 纠错码

物理信道	纠错码
PUSCH	Turbo 码
PUCCH	每个块代码 卷积码
PDSCH	Turbo 码
PBCH	卷积码
PMCH	Turbo 码
PDCCH	卷积码
PCFICH	每个块代码
PHICH	重复码

速率匹配保持由编码产生的一定数量的冗余比特,并确定编码率,该编码率是纠错码之前和之后的块大小之间的比例。编码方案定义了要应用的编码率的值。

用于物理下行链路共享信道(PDSCH)和物理上行链路共享信道(PUSCH)的编码方案由 MAC 层确定,并且它们取决于无线电传播的条件和要发送的比特数。

用于物理多播信道(PMCH)的编码方案是多小区/多播协调实体(MCE)中的配置值。

5.3.3 调制

在二进制相移键控(Binary Phase Shift Keying, BPSK)调制的情况下,在复符号 $x = I + jQ$ 中映射一个比特。星座图由两个符号组成(见图5-11)。

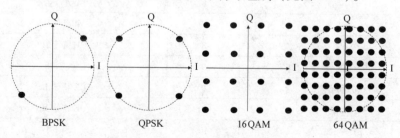

图 5-11 不同的符号星座图

在正交相移键控(Quadrauture Phase Shift Keying QPSK)调制的情况下,在复符号 $x = I + jQ$ 中映射 2 个比特。星座图由 4 个符号组成(见图5-11)。

在 16 正交幅度调制(16QAM)的情况下,在复数符号 $x = I + jQ$ 中映射 4 个比特。星座图由 16 个符号组成(见图5-11)。

在64QAM的情况下,在复符号 $x = I + jQ$ 中映射6bit。星座图由 64 个符号组成

（见图5-11）。

表5-15 概述了物理信道使用的不同的调制方式。

用于 PDSCH 和 PUSCH 物理信道的调制方案由 MAC 层确定，并且它取决于无线电传播条件和要发送的比特数。

表 5-15　调制方式

物理信道	调制方式
PUSCH	QPSK、16QAM、64QAM[①]
PUCCH	BPSK、QPSK
PDSCH	QPSK、16QAM、64QAM
PBCH	QPSK
PMCH	QPSK、16QAM、64QAM
PDCCH	QPSK
PCFICH	QPSK
PHICH	BPSK

① 64 QAM 的可用性取决于移动台的类别。

用于 PMCH 物理信道的调制方案是在 MCE 实体中配置的值。

5.3.4　天线端口

由调制产生的符号散布在空间层上（映射函数），然后进行预编码。预编码符号与涉及天线端口的一些参考信号（RS）相关联。

表5-16 显示了下行链路方向的天线端口和参考信号的关联。

表 5-16　下行链路方向的天线端口和参考信号的关联

天线端口	版本	参考信号
p0 ~ p3	8	小区特定 RS
p4	8	MBSFN RS
p5	8	UE 特定 RS
p6	9	定位 RS
p7 和 p8	9	UE 特定 RS
p9 ~ p14	10	UE 特定 RS
p15 ~ p22	10	CSI RS

对于天线端口 p0 ~ p3，每个天线端口与一个物理天线相关联。

天线端口 p4 与单个物理天线相关联。

天线端口 p5 与 2 个或 4 个物理天线相关联。

天线端口 p6 与单个物理天线相关联。

对于天线端口 p7 ~ p14 和 p15 ~ p22，每个天线端口与单个物理天线相关联。

表 5-17 显示了上行链路方向的天线端口和物理信道的关联。

天线端口号取决于索引 $\tilde{p}$ 标识的天线端口号。

天线端口 10 和 100 使用单个物理天线 $\tilde{p}=0$。

天线端口 20 和 200（21 和 201 分别）使用物理天线 $\tilde{p}=0$（$\tilde{p}=1$ 分别）。

对于天线端口 40~43，每个天线端口使用一个物理天线。

表 5-17　上行链路方向的天线端口编号

物理信道或信号	索引 $\tilde{p}$	天线端口		
		1 端口	2 端口	4 端口
PUSCH SRS	0	10	20	40
	1		21	41
	2			42
	3			43
PUCCH	0	100	200	
	1		201	

5.3.5　传输模式

5.3.5.1　下行链路方向

传输模式 1~7 在版本 8 中定义，传输模式 8 在版本 9 中定义，传输模式 9 在版本 10 中定义。

传输模式 1 是单输入单输出（SISO）类型，这相当于将发射器设置为天线端口 0。当移动台配备两个接收器时，其可以实现分集接收。

传输模式 2 是多输入单输出（MISO）类型，这相当于将相同信号的多个发射机设置到天线端口 p0 和 p1（当有 2 个发射机时）或 p0~p3（当有 4 个发射机时）以支持发射分集功能，这有助于提高信号接收质量。

在 2 个天线端口 p0 和 p1 上传输的情况下，发射分集对应于空频块编码（Space Frquency Block Coding，SFBC）机制。

在 4 个天线端口 p0~p3 上传输的情况下，发射分集对应于 SFBC/频移发射分集（Frequency Shift Transmit Diversity，FSTD）机制。

传输模式 3 是多输入多输出（MIMO）类型。其相当于将 2 个不同信号的发射机设置到天线端口 p0 和 p1（2×2MIMO）或将 4 个发射机设置到天线端口 p0~p3（4×4MIMO）以支持开环中的空间复用功能，这有利于改进小区的吞吐量。

传输模式 4 是 2×2MIMO 或 4×4MIMO 类型。其相当于将 2 个不同信号的发射机设置到天线端口 p0 和 p1（2×2MIMO）或将 4 个发射机设置到天线端口 p0~p3（4×4MIMO）以支持闭环中的空间复用功能。

传输模式 5 是多用户 MIMO 类型。其支持 2 个（2×2 MIMO）或 4 个用户（4×4 MIMO）的闭环中的空间复用功能。

传输模式 6 相当于使用单个空间层的传输模式 4 的简化版本。

传输模式 7 支持波束形成功能，此模式使用 p5 天线端口。

传输模式 7 还可以同时支持多用户 MIMO 功能，用于在开环中提供多个用户的空间复用，每个用户被授予一个层。

在移动台方向上形成波束有助于增加小区范围。为了获得该结果，在天线端口上发射的每个信号以能够在移动台接收所有相位信号的方式失相。

传输模式 8 是传输模式 7 的扩展，空间复用允许以下配置：

1）2 个用户，每个用户分配 2 个空间层；

2）4 个用户，每个用户分配 1 个空间层。

传输模式 8 使用天线端口 p7 和 p8。

传输模式 9 是 8×8MIMO 类型，其还支持波束成形功能和多用户空间复用。

在 MIMO 单用户的情况下，传输模式 9 与天线端口 p7～p14 相关联。

表 5-18 概括了不同的传输模式。eNB 实体能够在几种传输技术之间进行通信，而无需通过无线资源控制（RRC）消息发送信号。

表 5-18　下行链路方向的传输模式

模式	传输方案
1	天线端口 0
2	发射分集
3	发射分集
	开环 MIMO
4	发射分集
	闭环 MIMO
5	发射分集
	多用户 MIMO
6	发射分集
	闭环 MIMO，单层
7	发射分集或天线端口 0
	波束成形，天线端口 5
8	发射分集或天线端口 0
	天线端口 7 和 8
9	发射分集或天线端口 0
	MIMO，天线端口 7～14

5.3.5.2　上行链路方向

对于版本 8 和 9，由于使用单个天线端口，因此没有定义传输模式。由于移动台配备有两个天线，因此可以在两个天线中的一个上进行传输。天线的选择通过移动台或通过 eNB 实体来执行。如果 eNB 实体配备有两个接收机，则它可以实现分集接收。版本10引入了传输模式1和2。

传输模式1是SISO类型，它相当于将发射机设置到PUSCH物理信道的天线端口p10或物理上行链路控制信道（PUCCH）的天线端口p100。

传输模式2是PUSCH物理信道的MIMO类型，它相当于在天线端口p20和p21（2x2 MIMO）上设置两个不同信号的发射机或在天线端口p40~p43（4x4 MIMO）上设置4个不同信号的发射机，以支持闭环中的空间复用功能。

传输模式2使用PUCCH物理信道的发射分集，它相当于在天线端口p200和p201上设置2个相同信号的发射机。

5.3.6 快速傅里叶逆变换

下行链路方向的OFDMA信号和上行链路方向的SC–FDMA信号经过逆快速傅里叶变换产生。

下行链路方向，为了从频域转到时域，用IFFT处理资源元素上的预编码和映射符号。OFDMA术语还定义了移动台接入的资源，将时间（对应于子帧的1ms）和频率（180kHz的块，对应于具有15kHz间隔的12个子载波或者具有7.5kHz间隔的24个子载波）分配到移动台。子载波的频分复用使用正交频分复用（OFDM）机制。

上行链路方向，在对资源元素执行映射之前，对符号应用快速傅里叶变换（FFT）。该操作旨在降低移动台发出的信号的峰值功率与平均功率之间的峰值平均功率比（PAPR），以降低其能量消耗。FFT和IFFT变换的组合可以重构单载波频率，因此术语SC–FDMA用于上行链路方向。对于下行链路方向，还为移动台分配时间和频率。

5.3.7 传输配置

传输架构必须支持三种无线信道聚合的配置类型。

配置A相当于一个连续信道的聚合（见图5-12）。传输架构包括一个由快速傅里叶逆变换、数模转换器（Digital Analog Converter，DAC）、混频器、功率放大器（Power Amplifier，PA）和滤波器的单链组成。

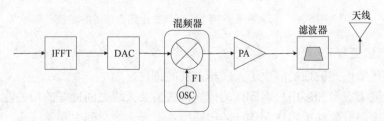

图5-12 传输配置：两个连续信道的聚合

配置B相当于同一频段内的非连续信道的聚合（见图5-13）。传输架构包括两个链，每个链包括IFFT、数模转换器和混频器。

然后将两条链连接起来进行放大，再进行滤波。

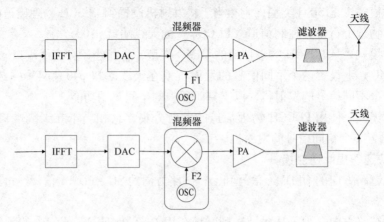

图 5-13　传输配置：在相同频带中两个非连续信道的聚合

配置 C 相当于两个不同频段中两个本地信道的聚合（见图 5-14）。传输架构包括两个独立的链，每个链包括快速傅里叶逆变换、数模转换器、混频器、功率放大器和滤波器。

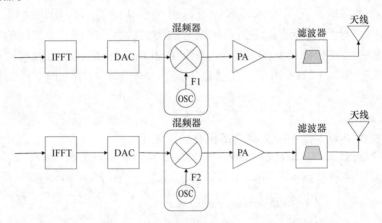

图 5-14　传输配置：两个不同频带中两个信道的聚合

5.3.8　天线配置

每种传输模式的性能取决于天线相关性的特性。

实现波束成形和多用户 MIMO 的传输模式需要天线之间良好的相关性。

实现发射分集和单用户 MIMO 的传输模式需要天线之间去相关。

对于由具有垂直极化的辐射组件的列构成的天线，列之间的相关性相对较强。

对于由两组辐射组件的列构成的天线，每组对应于交叉极化 ±45°，相关性相对较弱。

天线配置如图 5-15 所示，与单个频带有关。

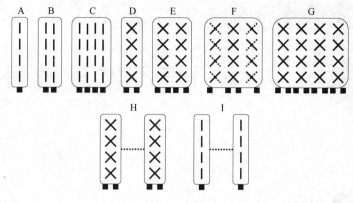

图 5-15 天线配置

配置 A 对应于由具有垂直极化的单个辐射组件列构成的天线。

配置 B 对应于由具有垂直极化的 2 个辐射组件列构成的天线。

配置 C 对应于由具有垂直极化的 4 个辐射组件列构成的天线。

配置 D 对应于由 2 组辐射组件的列构成的天线，每组辐射组件对应于交叉极化 ±45°。

配置 E 对应于由每列包括 2 个辐射组件组的 2 个列构成的天线，每组对应于交叉极化 ±45°。

配置 E 结合了相同极化的相关辐射组件对和不同极化的非相关辐射组件对。

配置 F：

1）对应于由 2 组辐射组件的中心列构成的天线，每组对应于交叉极化 ±45°；

2）对应于由 2 个单独的组构成的天线，每组由辐射组件组成，对应于 2 个交叉极化中的一个 ±45°，剩余的极化仍可在另一个频带使用。

配置 G 对应于由 4 列辐射组件构成的天线，每列由 2 组辐射组件组成，每组辐射组件对应于交叉极化 ±45°。

配置 H 对应于 2 个单独的天线，每个天线由 2 组辐射组件构成，每组辐射组件对应于交叉极化 ±45°。

配置 I 对应于 2 个单独的天线，每个天线由具有垂直极化的一列辐射组件构成。

表 5-19 定义了适用于每种天线配置的传输模式。

表 5-19 天线配置与传输模式之间的相关性

天线配置	A	B	C	D	E	F	G	H	I
传输模式	1	5，7	5 7 - 8	2 - 4 6	2 - 6 7 - 8	2 - 6	2 - 6 7 - 8 9	2 - 6	2 - 4 6

第6章

下行链路物理信号

6.1 PSS 物理信号

主同步信号（PSS）执行以下功能：

1）频率同步；

2）在正交频分复用（OFDM）符号、时隙、子帧（1ms 周期性）和半帧（5ms 周期性）层的时间同步；

3）确定数值 $N_{\mathrm{ID}}^{(2)}$ 的值。

物理层小区标识（PCI）的编号 $N_{\mathrm{ID}}^{\mathrm{cell}}$ 等于 $N_{\mathrm{ID}}^{\mathrm{cell}} = 3N_{\mathrm{ID}}^{(1)} + N_{\mathrm{ID}}^{(2)}$。

$N_{\mathrm{ID}}^{(1)}$ 表示组号，可以取值的范围为 0 ~ 167，它由辅同步信号（SSS）确定。

$N_{\mathrm{ID}}^{(2)}$ 表示组中的号并且可以取值的范围为 0 ~ 2。

6.1.1 序列的产生

PSS 物理信号由对应于以下等式的 62 符号 Zadoff – Chu 序列 $d(n)$ 生成：

$$d_u(n) = \begin{cases} \mathrm{e}^{-\mathrm{j}\frac{\pi u n(n+1)}{63}} & n = 0, 1, \cdots, 30 \\ \mathrm{e}^{-\mathrm{j}\frac{\pi u (n+1)(n+2)}{63}} & n = 31, 32, \cdots, 61 \end{cases}$$

式中，u 代表根索引，u 可以采用表 6-1 中所示的三个值。

表 6-1 PSS 物理信号的根索引号

$N_{\mathrm{ID}}^{(2)}$	u
0	25
1	29
2	34

6.1.2 资源元素上的映射

移动台能够在不知道无线信道的带宽的情况下分析 PSS 物理信号。

序列 $d(n)$ 被映射在与无线信道的中心频率相对应的子载波的任一侧的 62 个

子载波上。位于中央子载波的任一侧的 10 个附加子载波被保留。10 个附加子载波和中央子载波不支持任何信息。

序列 $d(n)$ 在时域中的映射由时间帧的类型决定。对于 1 型时间帧的情况，对应于频分双工（FDD）模式，$d(n)$ 序列被映射到时隙 0 和 10 的最后一个 OFDM 符号上（见图6-1）。

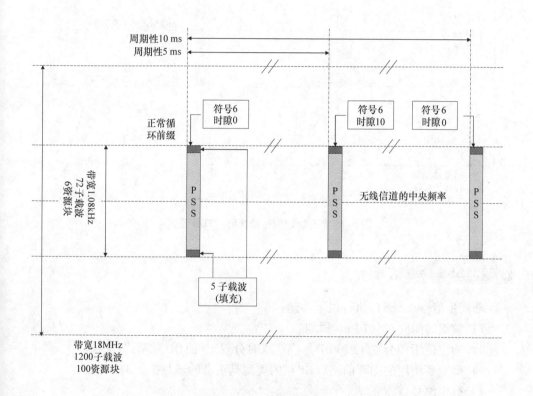

图6-1 PSS 物理信号的映射：FDD 模式

对于 2 型时间帧的情况，对应于时分双工（TDD）模式，$d(n)$ 序列被映射到时隙 2 和 12 的第三个 OFDM 符号上（见图6-2）。

无论 TDD 模式的配置类型如何，PSS 物理信号都通过下行链路方向发送。

PSS 物理信号通过包含下行导频时隙（DwPTS）符号的子帧 1 以及包含 DwPTS 符号（配置 0，1，2，6）或下行方向（配置 3，4，5）的子帧 6 发送。

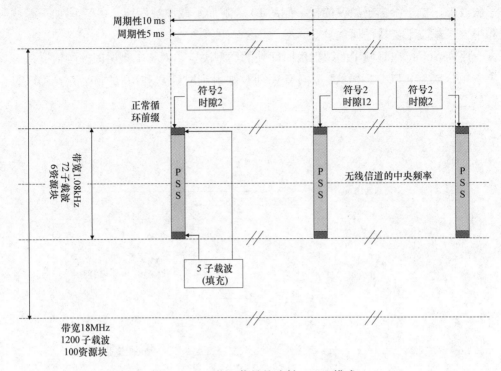

图6-2 PSS 物理信号的映射：TDD 模式

6.2 SSS 物理信号

辅同步信号（SSS）执行以下功能：

1）帧级时间同步（10 ms 周期）；

2）确定使用频分双工（FDD）模式或时分双工（TDD）模式；

3）确定要使用的循环前缀（CP）的类型是正常的还是扩展的；

4）确定编号 $N_{\text{ID}}^{(1)}$ 的值。

通过主同步信号（PSS）和 SSS 物理信号之间的时间间隔，一方面可以确定 FDD 或 TDD 模式，另一方面可以确定循环前缀的类型。

物理层小区标识（PCI）的编号 $N_{\text{ID}}^{\text{cell}}$ 等于 $N_{\text{ID}}^{\text{cell}} = 3N_{\text{ID}}^{(1)} + N_{\text{ID}}^{(2)}$。

$N_{\text{ID}}^{(1)}$ 表示组编号，取值范围为 0～167。

$N_{\text{ID}}^{(2)}$ 表示组内的编号，取值范围为 0～2，由 PSS 物理信号确定。

6.2.1 序列的产生

SSS 物理信号对应于由两个序列 [偶数秩序列 $d(2n)$ 和奇数秩序列 $d(2n+1)$] 组成的序列 $d(n)$，其通过以下公式交织并获得：

1) 子帧 0：
$$d(2n) = s_0^{(m_0)}(n)c_0(n)$$
$$d(2n+1) = s_1^{(m_1)}(n)c_1(n)z_1^{(m_0)}(n), \quad 0 \leq n \leq 30$$

2) 子帧 5：
$$d(2n) = s_1^{(m_1)}(n)c_0(n)$$
$$d(2n+1) = s_0^{(m_0)}(n)c_1(n)z_1^{(m_1)}(n), \quad 0 \leq n \leq 30$$

两个序列 $s_0^{(m_0)}(n)$ 和 $s_1^{(m_1)}(n)$ 都是 31 个符号的伪随机序列。

m_0 和 m_1 表示序列的循环移位，它们的值取决于编号 $N_{\text{ID}}^{(2)}$ 的值。

$s_0^{(m_0)}(n)$ 和 $s_1^{(m_1)}(n)$ 这两个序列都是由取决于编号 $N_{\text{ID}}^{(2)}$ 的值的两个序列 $c_0(n)$ 和 $c_1(n)$ 加扰的。

奇数秩的加扰伪随机序列再次被两个序列 $z_1^{(m_0)}(n)$ 和 $z_1^{(m_1)}(n)$ 加扰。

6.2.2 资源元素上的映射

序列 $d(n)$ 被映射到位于与无线信道的中心频率对应的子载波任一侧的 62 个子载波上。位于中央子载波的任一侧的 10 个附加的子载波被保留。10 个附加子载波和中央子载波不支持任何信息。序列 $d(n)$ 的映射取决于时间帧的类型。对于 FDD 模式对应的 1 型时间帧的情况，序列 $d(n)$ 被映射到时隙 0 和 10（见图 6-3）的倒数第二个正交频分复用（OFDM）符号。

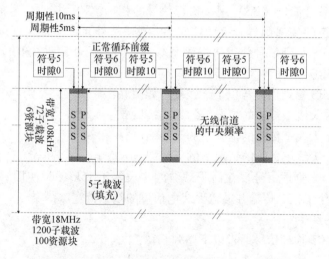

图 6-3 SSS 物理信号的映射：FDD 模式

对于 1 型的时间帧，PSS 和 SSS 物理信号是相邻的。

对于 2 型的时间帧，对应于时分双工（TDD）模式，序列 $d(n)$ 被映射到时隙 1 和 11 的最后一个 OFDM 符号（见图 6-4）。

对于 2 型时间帧的情况，PSS 和 SSS 物理信号不相邻。

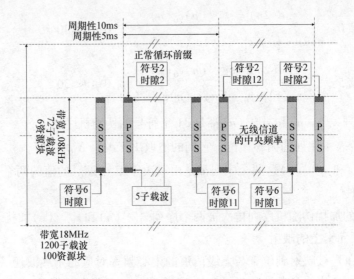

图 6-4　SSS 物理信号的映射：TDD 模式

6.3　小区特定 RS 物理信号

小区特定参考信号（RS）用于执行信号的相干解调。接收信号的相干解调基于计算无线信道的传递函数。小区特定 RS 物理信号允许实现空间复用和发送分集。小区特定 RS 物理信号使得可以测量参考信号接收功率（RSRP）和参考信号接收质量（RSRQ）。

小区特定 RS 物理信号与以下天线端口相关联：

1）在 1 个天线上传输的情况下的天线端口 p0；

2）在 2 个天线上传输的情况下的天线端口 p0 和 p1；

3）在 4 个天线上传输的情况下的天线端口 p0、p1、p2 和 p3。

小区特定 RS 物理信号仅在沿子载波的步长等于 15kHz 时使用。小区特定 RS 物理信号在每个子帧上传输并覆盖无线电信道的整个带宽。

6.3.1　序列的产生

小区特定 RS 物理信号通过以下序列获得：

$$r_{l,n_s}(m) = \frac{1}{\sqrt{2}}\left[1 - 2c(2m)\right] + j\frac{1}{\sqrt{2}}\left[1 - 2c(2m+1)\right]$$

$$m = 0, 1, \cdots, 2N_{RB}^{max,DL} - 1$$

式中，$N_{RB}^{max,DL}$ 是无线电信道的整个带宽在频域中的资源块的数量；l 是时隙的正交频分复用（OFDM）符号的数量；n_s 是时间帧的时隙号；$c(m)$ 是 31bit 长的伪随机序列。

在每个 OFDM 符号的开始处，伪随机序列的初始 c_{init} 值通过以下公式获得：

$$c_{\text{init}} = 2^{10} \left[7 (n_s + 1) + l + 1 \right] (2 N_{\text{ID}}^{\text{cell}} + 1) + 2 N_{\text{ID}}^{\text{cell}} + N_{\text{CP}}$$

式中，$N_{\text{ID}}^{\text{cell}}$ 是物理层小区标识（PCI）；N_{CP} 是正常循环前缀取值为1，对于扩展循环前缀取值为0。

6.3.2 资源元素上的映射

对于正常循环前缀和天线端口 p0 和 p1，映射发生在每个时隙的第 1 个和第 5 个 OFDM 符号上。用于小区特定 RS 物理信号的资源元素在频域中以 6 个子载波间隔隔开。

小区特定 RS 物理信号在频域中占用 6 个位置，每个位置取决于小区物理标识的值 $N_{\text{ID}}^{\text{cell}}$。

与用于第 1 个 OFDM 符号的资源元素相比，用于第 5 个 OFDM 符号的资源元素在频域中从 3 个子载波移位。与用于端口 p0 的资源元素相比，用于天线端口 p1 的资源元素在频域中从 3 个子载波移位。用于天线端口 p0 的资源元素不能用于天线端口 p1，反之亦然。

对于正常循环前缀和天线端口 p2 和 p3，映射发生在每个时隙的第 2 个 OFDM 符号上（见图6-5）。

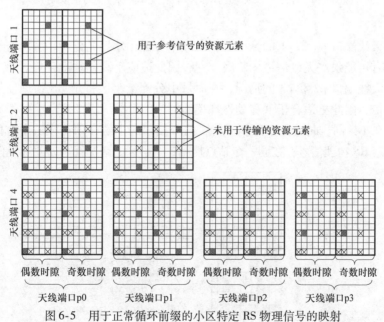

图 6-5　用于正常循环前缀的小区特定 RS 物理信号的映射

用于天线端口 p2（p3 分别）的资源元素与在天线端口 p0（p1 分别）的情况下用于第 1 个符号的资源元素在频域中处于相同的水平。

对于扩展循环前缀和天线端口 p0 和 p1，映射发生在每个时隙的第 1 个和第 4 个 OFDM 符号上（见图6-6）。

对于扩展循环前缀和天线端口 p2 和 p3，与用于正常循环前缀的映射相比，映

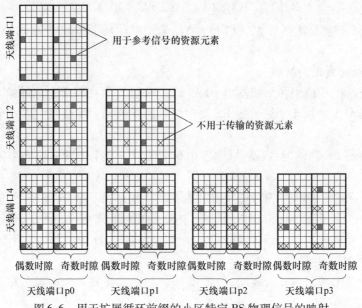

图 6-6　用于扩展循环前缀的小区特定 RS 物理信号的映射

射保持不变。

对于天线端口 p0 和 p1 的情况，在时域中分配给小区特定 RS 物理信号的资源元素使得有可能跟踪无线信道的临时变化，因此适应于高移动性环境。

对于天线端口 p2 和 p3 的情况，在时域中分配给小区特定 RS 物理信号的资源元素低 2 倍，因此更适合于低移动性环境。

为了在小区同步时避免小区间干扰，两个相邻的小区必须在频域中有区别地映射小区特定 RS 物理信号；在同一个站点控制 3 个小区的情况就是如此（见图 6-7）。

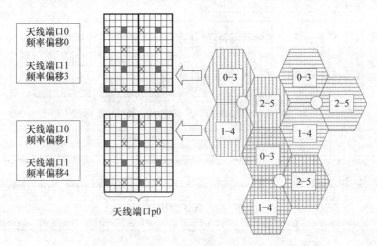

图 6-7　小区特定 RS 物理信号的频率规划

6.4　MBSFN RS 物理信号

MBMS 单频网参考信号（MBSFN RS）仅在物理多播信道（PMCH）上传输以执行相干解调。

MBSFN RS 物理信号与天线端口 p4 相关联。

MBSFN RS 物理信号仅在扩展循环前缀的情况下被定义。

MBSFN RS 物理信号被定义为子载波之间的 15kHz 或 7.5kHz 间隔。

6.4.1　序列的产生

MBSFN RS 物理信号从以下序列获得：

$$r_{l,n_s}(m) = \frac{1}{\sqrt{2}}\left[1 - 2c(2m)\right] + j\frac{1}{\sqrt{2}}\left[1 - 2c(2m+1)\right]$$

$$m = 0,1,\cdots,6N_{RB}^{max,DL} - 1$$

式中，$N_{RB}^{max,DL}$ 是无线电信道的整个带宽的频域中的资源块（RB）的数量；l 是时隙的正交频分复用（OFDM）符号的数量；n_s 是时间帧的时隙号；$c(m)$ 是 31bit 长的伪随机序列。

在每个 OFDM 符号的开始处，伪随机序列的初始值 c_{init} 通过以下公式获得：

$$c_{mit} = 2^9\left[7(n_s+1) + l + 1\right] \cdot (2N_{ID}^{MBSFN} + 1) + N_{ID}^{MBSFN}$$

式中，$N_{RB}^{max,DL}$ 是 MBSFN 区域的标识。

6.4.2　资源元素上的映射

图 6-8 描述了子载波之间间隔 15kHz 情况下资源元素（RE）的映射。

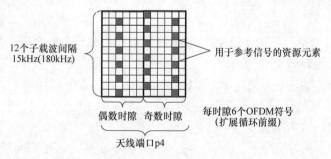

图 6-8　MBSFN RS 物理信号在子载波之间的 15kHz 间隔的映射

MBSFN RS 物理信号在时域中映射在位于偶数时隙的第 3 个 OFDM 符号中的资源元素上，以及在奇数时隙的第 1 个和第 5 个 OFDM 符号上。

MBSFN RS 物理信号在频域中映射在以下资源元素上：

1）偶数时隙的第 3 个 OFDM 符号和奇数时隙的第 5 个 OFDM 符号的偶数号的资源元素；

2）奇数时隙的第 1 个 OFDM 符号的奇数号的资源元素。

图6-9描述了子载波之间间隔7.5 kHz的资源元素的映射。

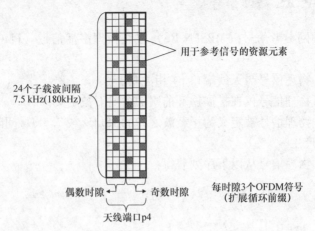

图6-9 MBSFN RS 物理信号在子载波之间的 7.5kHz 间隔的映射

MBSFN RS 物理信号在时域中映射到位于偶数时隙的第 2 个 OFDM 符号中的资源元素上以及奇数时隙的第 1 个和第 3 个 OFDM 符号上。

MBSFN RS 物理信号在频域中映射在以下资源元素上：

1）对于偶数时隙的第 2 个 OFDM 符号和奇数时隙的第 3 个 OFDM 符号，秩为 4 的倍数的资源元素；

2）对于奇数时隙的第 1 个 OFDM 符号，其秩有 2 个子载波移位的资源元素。

6.5 UE 特定 RS 物理信号

UE 特定参考信号（RS）被用于波束成形机制，并且允许物理下行链路共享信道（PDSCH）的解调。

UE 特定 RS 物理信号通过 PDSCH 物理信道单独传输并使用以下天线端口：

1）在版本 8 的情况下，$p=5$；

2）在版本 9 的情况下，$p=7$，$p=8$；

3）在版本 10 的情况下，$p=7$，8，$\cdots$，$v+6$，其中 v 表示空间层的数量。

版本 8 允许使用单个空间层的用户配置。

版本 9 允许以下配置：

1）使用 2 个空间层的 1 个用户，以及与 2×2 多输入多输出（2×2MIMO）空间复用相关联的 1 个波束成形；

2）使用 2 个空间层的 2 个用户，双用户复用是通过标识码进行的；

3）使用 1 个空间层的 4 个用户，从正交覆盖码（Orthogonal Covering Code，OCC）和标识码获得 4 个空间层的复用。

版本 10 允许使用 8 个空间层的用户的配置，以及使用 8×8MIMO 机制的与空间复用相关联的一个波束成形。

UE 特定 RS 物理信号与小区特定 RS 物理信号共存，2 个参考信号存在于分配给移动台的资源块中。

6.5.1 序列的产生

对于天线端口 p5，UE 特定 RS 物理信号从以下序列获得：

$$r_{n_s}(m) = \frac{1}{\sqrt{2}}\left[1 - 2c(2m)\right] + j\frac{1}{\sqrt{2}}\left[1 - 2c(2m+1)\right]$$

$$m = 0, \cdots, 12N_{RB}^{PDSCH} - 1$$

式中，N_{RB}^{PDSCH} 是在 PDSCH 信道中分配给移动台的资源块（RB）的数量；n_s 是时间帧的时隙号；$c(m)$ 是 31bit 长的伪随机序列。

在每个子帧的开始，伪随机序列的初始值 c_{init} 计算如下：

$$c_{init} = (\lfloor n_s/2 \rfloor + 1) \cdot (2N_{ID}^{cell} + 1) \cdot 2^{16} + n_{RNTI}$$

式中，N_{ID}^{cell} 是物理层小区标识（PCI）；n_{RNTI} 是在连接期间分配给移动台的无线电网络临时标识符（Radio Network Temporary Identifier，RNTI）。

对于天线端口 $p \in \{7,8,\cdots,v+6\}$，UE 特定 RS 物理信号如下获得：

$$r(m) = \frac{1}{\sqrt{2}}\left[1 - 2c(2m)\right] + j\frac{1}{\sqrt{2}}\left[1 - 2c(2m+1)\right]$$

$$m = \begin{cases} 0,1,\cdots,12N_{RB}^{max,DL} - 1 &,\text{对于正常循环前缀} \\ 0,1,\cdots,16N_{RB}^{max,DL} - 1 &,\text{对于扩展循环前缀} \end{cases}$$

式中，$N_{RB}^{max,DL}$ 是无线电信道的整个带宽的频域中的资源块的数量。

在每个子帧的开始，伪随机序列的初始值 c_{init} 计算如下：

$$c_{init} = (\lfloor n_s/2 \rfloor + 1) \cdot (2N_{ID}^{cell} + 1) \cdot 2^{16} + n_{SCID}$$

式中，n_{SCID} 是扰码的标识。对于格式 2B 和 2C，除了在下行链路控制信息（DCI）中指示的值之外，它取零值。

6.5.2 资源元素上的映射

对于天线端口 p5，在正常前缀的情况下，UE 特定 RS 物理信号在时域中被映射在位于以下正交频分复用（OFDM）符号中的资源元素（RE）上（见图6-10）：

1）在偶数时隙的第 4 个和第 7 个 OFDM 符号中；

2）在奇数时隙的第 3 个和第 6 个 OFDM 符号中。

UE 特定 RS 物理信号在频域中被映射在以下资源元素上：

1）对于偶数时隙的第 4 个 OFDM 符号和奇数时隙的第 3 个 OFDM 符号，其秩为 4 的倍数的资源元素；

2）对于偶数时隙的第 7 个 OFDM 符号和奇数时隙的第 6 个 OFDM 符号，其秩有 2 个子载波移位的资源元素。

UE 特定 RS 物理信号在频域中占据 4 个位置，每个位置取决于小区物理标识的值。

对于天线端口 p5，在扩展前缀的情况下，UE 特定 RS 物理信号在时域中映射到位于以下 OFDM 符号中的资源元素上（见图 6-10）：

1）在偶数时隙的第 5 个 OFDM 符号中；

2）在奇数时隙的第 2 个和第 5 个 OFDM 符号中。

UE 特定 RS 物理信号在频域中被映射在以下资源元素上：

1）对于偶数时隙和奇数时隙的第 5 个 OFDM 符号，秩为 3 的倍数的资源元素；

2）对于奇数时隙的第 2 个 OFDM 符号，其秩有 2 个子载波移位的资源元素。

UE 特定 RS 物理信号在频域中占据 3 个位置，每个位置取决于小区物理标识的值 $N_{\mathrm{ID}}^{\mathrm{cell}}$。

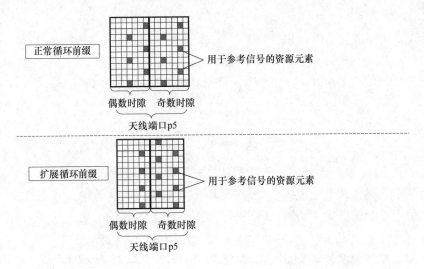

图 6-10　用于天线端口 p5 的 UE 特定 RS 物理信号的映射

对于天线端口 p7 ~ p14 的情况，映射取决于几个因素：

1）循环前缀的类型，正常或扩展。在扩展前缀的情况下，端口 p7 和 p8 是唯一要使用的端口；

2）用于时分双工（TDD）模式的特殊子帧的配置；

3）天线端口号。

对于天线端口 p7、p8、p11 和 p13，在正常前缀的情况下，映射发生在每个时隙的第 6 个和第 7 个 OFDM 符号上（见图 6-11）。

对于天线端口 p9、p10、p12 和 p14，在正常前缀的情况下，映射发生在每个时隙的第 6 个和第 7 个 OFDM 符号上，频域上有 1 个子载波移位（见图 6-11）。

分配给 UE 特定 RS 物理信号的资源元素对于 4 个天线端口（一方面是 7、8、11、

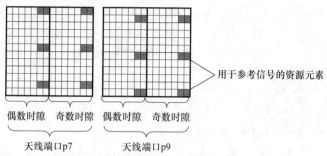

图 6-11　在正常前缀的情况下，应用于天线端口 p7 和 p9 的 UE 特定 RS 物理信号的映射

13，另一方面是 9、10、12、14）是相同的。序列正交性用 OCC 码获得（见表 6-2）。

表 6-2　正常前缀情况下的加扰码

天线端口	OCC 码
7	[+1　+1　+1　+1]
8	[+1 −1　+1 −1]
9	[+1　+1　+1　+1]
10	[+1 −1　+1 −1]
11	[+1　+1 −1 −1]
12	[−1 −1　+1　+1]
13	[+1 −1 −1　+1]
14	[−1　+1　+1 −1]

图 6-12 描述了在正常前缀的情况下，对于天线端口 7 和 9，TDD 模式的特殊子帧的资源元素的映射。

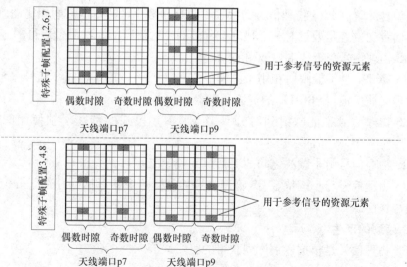

图 6-12　在正常前缀的情况下，应用于天线端口 p7 和 p9 的 TDD 模式的
特殊子帧的 UE 特定 RS 物理信号的映射

在扩展前缀的情况下，分配给 UE 特定 RS 物理信号的资源元素对于两个天线端口 p7 和 p8 是相同的。序列正交性用 OCC 码获得（见表 6-3）。

表 6-3　扩展前缀的情况下的加扰码

天线端口	OCC 码
7	[+1　+1]
8	[−1　+1]

图 6-13 描述了在扩展前缀的情况下，天线端口 7 的资源元素的映射。

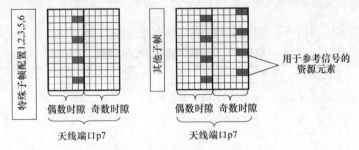

图 6-13　在扩展前缀的情况下，应用于天线端口 p7 的 UE 特定 RS 物理信号的映射

6.6　PRS 物理信号

定位参考信号（PRS）在版本 9 中引入。

移动台使用 PRS 物理信号来实现观测到达时间差（OTDOA）功能。该功能基于由移动台测量的 PRS 物理信号的接收时间与参考小区测量的时间相比的差异。

移动台的位置是通过对三个地理上分散的小区进行的三次测量获得的。

PRS 物理信号与天线端口 p6 相关联。

PRS 物理信号不能映射在用于主同步信号（PSS），用于辅同步信号（SSS）和用于物理广播信道（PBCH）的资源元素上。

PRS 物理信号不能映射到时分双工（TDD）模式的特殊子帧使用的资源元素上。

PRS 物理信号由子载波之间的 15kHz 间隔定义。

PRS 物理信号与小区特定 RS 物理信号共存，两个参考信号存在于分配给移动台的资源块中。

6.6.1　序列的产生

PRS 物理信号是根据以下序列获得的：

$$r_{l,n_s}(m) = \frac{1}{\sqrt{2}}[1-2c(2m)] + j\frac{1}{\sqrt{2}}[1-2c(2m+1)]$$

$$m = 0,1,\cdots,2N_{RB}^{\max,DL} - 1$$

式中，$N_{RB}^{max,DL}$ 是无线电信道的整个带宽在频域中的资源块的数量；l 是时隙的 OFDM 符号编号；n_s 是时间帧的时隙号；$c(m)$ 是 31 比特长的伪随机序列。

在每个 OFDM 符号开始处，用以下公式获得伪随机序列的初始值 c_{init}：

$$c_{init} = 2^{10} \left[7(n_s + 1) + l + 1 \right] \cdot (2N_{ID}^{cell} + 1) + 2N_{ID}^{cell} + N_{CP}$$

式中，N_{ID}^{cell} 对应于物理层小区标识（PCI）。

对于正常循环前缀，N_{CP} 取值等于 1，对于扩展循环前缀取值为 0。

6.6.2　资源元素上的映射

PRS 物理信号的映射取决于以下因素：

1）循环前缀的类型，即正常或扩展；

2）用于小区特定 RS 物理信号的天线端口（2 个天线端口 p0 和 p1，或 4 个天线端口 p0、p1、p2 和 p3）的配置。

用于 PRS 物理信号的资源元素在频域中具有 6 个子载波的间隔。

PRS 物理信号在频域中占据 6 个位置；每个位置取决于小区物理标识的值 N_{ID}^{cell}。

图 6-14 描述了正常循环前缀情况下资源元素的映射。

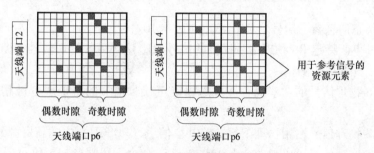

图 6-14　正常循环前缀的 PRS 物理信号映射

图 6-15 描述了扩展循环前缀情况下资源元素的映射。

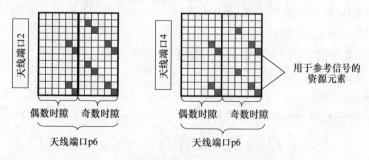

图 6-15　扩展循环前缀的 PRS 物理信号的映射

6.6.3　子帧的配置

在 LTE 定位协议（LPP）消息中定义了包含 PRS 物理信号的子帧的配置。

分配给 PRS 物理信号的带宽 $N_{\mathrm{RB}}^{\mathrm{PRS}}$ 被表示为频域中的资源块的数量。

配置索引 I_{PRS} 确定传输 PRS 物理信号的周期 T_{PRS} 和移位 Δ_{PRS}（见表6-4）。

表6-4 用于 PRS 物理信号映射的配置参数

配置索引 I_{PRS}	周期 T_{PRS}	移位 Δ_{PRS}
0 ~ 159	160	I_{PRS}
160 ~ 479	320	$I_{\mathrm{PRS}} - 160$
480 ~ 1119	640	$I_{\mathrm{PRS}} - 480$
1120 ~ 2399	1280	$I_{\mathrm{PRS}} - 1120$
2400 ~ 4095	保留	

存在参考信号的组中的子帧的数量可以取值1，2，4或6。

该组中的第一个子帧号用下面的公式获得：

$$(10n_{\mathrm{f}} + \lfloor n_{\mathrm{s}}/2 \rfloor - \Delta_{\mathrm{PRS}}) \bmod T_{\mathrm{PRS}} = 0$$

式中，n_{f} 是时间帧号；n_{s} 是时间帧的时隙号。

6.7 CSI RS 物理信号

信道状态信息参考信号（CSI RS）在版本 10 中引入。

与通过小区特定 RS 物理信号提供的信号相比，CSI RS 物理信号有助于改进接收信号和干扰电平的测量。

CSI RS 物理信号的功率或者被发送以确定接收信号的电平或者被删除以测量干扰电平。

CSI RS 物理信号占用物理下行链路共享信道（PDSCH）中的新资源元素。

CSI RS 物理信号可以与 1 个天线端口 p15，2 个天线端口 p15 和 p16，4 个天线端口 p15 ~p18 或 8 个天线端口 p15 ~p22 相关联。

CSI RS 物理信号被定义为子载波之间的 15kHz 间隔。

CSI RS 物理信号不在以下子帧中传输：

1）2 型帧的特殊子帧；

2）包含系统信息块 1（SIB1）的子帧；

3）包含寻呼消息的子帧。

6.7.1 序列的产生

CSI RS 物理信号通过以下序列获得：

$$r_{l,n_{\mathrm{s}}}(m) = \frac{1}{\sqrt{2}}\left[1 - 2c(2m)\right] + \mathrm{j}\frac{1}{\sqrt{2}}\left[1 - 2c(2m+1)\right]$$

$$m = 0,1,\cdots,N_{\mathrm{RB}}^{\max,\mathrm{DL}}$$

式中，$N_{\mathrm{RB}}^{\max,\mathrm{DL}}$ 是无线电信道的整个带宽在频域中的资源块的数量；l 是时隙的正交频分复用（OFDM）符号编号；n_{s} 是时间帧的时隙号；$c(m)$ 是 31bit 长的伪随机序列。

在每个 OFDM 符号开始处，用以下公式获得伪随机序列的初始值 c_{init}：

$$c_{\mathrm{init}} = 2^{10}\left[7(n_{\mathrm{s}}+1)+l+1\right]\cdot(2N_{\mathrm{ID}}^{\mathrm{cell}}+1)+2N_{\mathrm{ID}}^{\mathrm{cell}}+N_{\mathrm{CP}}$$

式中，$N_{\mathrm{ID}}^{\mathrm{cell}}$ 是物理层小区标识（PCI）。

对于正常循环前缀，N_{CP} 取值等于 1，对于扩展循环前缀，取值为 0。

6.7.2　资源元素上的映射

资源元素上的映射在 RRC 消息"连接设置""连接重置""重建连接"中定义：

1）天线端口的数量取值等于 1，2，4 或 8；

2）在正常循环前缀的情况下，映射配置索引取 0 ~31 之间的值，或者在扩展循环前缀的情况下取 0 ~27 之间的值。

例如，图 6-16 和图 6-17 描述了在正常和扩展循环前缀的情况下配置索引 0 的资源元素的映射。

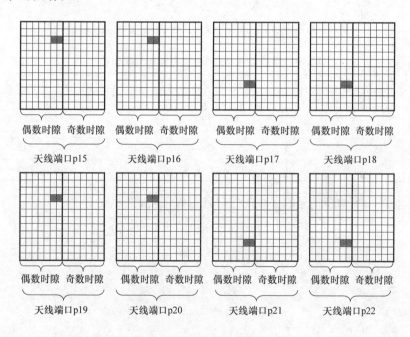

图 6-16　CSI RS 物理信号的映射：配置 0，正常循环前缀

6.7.3　子帧的配置

在 RRC 消息"连接设置""连接重置""重建连接"中定义包含具有或不具有发射功率的 CSI RS 物理信号的子帧的配置。

配置索引 $I_{\mathrm{CSI-RS}}$ 确定 CSI RS 物理信号的发送周期 $T_{\mathrm{CSI-RS}}$ 和移位 $\Delta_{\mathrm{CSI-RS}}$（见表 6-5）。

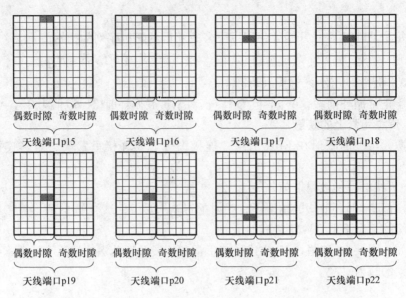

图 6-17　CSI RS 物理信号映射：配置 0，扩展循环前缀

表 6-5　用于 CSI RS 物理信号映射的配置参数

配置索引 I_{CSI-RS}	周期 T_{CSI-RS}	移位 Δ_{CSI-RS}
0 ~ 4	5	I_{CSI-RS}
5 ~ 14	10	$I_{CSI-RS}-5$
15 ~ 34	20	$I_{CSI-RS}-15$
35 ~ 74	40	$I_{CSI-RS}-35$

包含 CSI RS 物理信号的子帧的编号通过以下公式获得：

$$(10n_f + \lfloor n_s/2 \rfloor - \Delta_{CSI-RS}) \bmod T_{CSI-RS} = 0$$

式中，n_f 是时间帧号。

第7章

下行链路物理信道

7.1 PBCH 物理信道

物理广播信道（PBCH）传送包含对应于主信息块（MIB）消息的系统信息的 BCH 传输信道。

图 7-1 概括了与 PBCH 物理信道相关的处理。

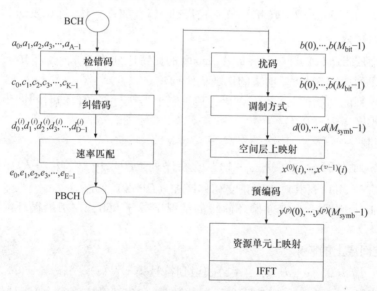

图 7-1　与 PBCH 物理信道相关的处理

7.1.1　检错码

检错码通过循环冗余校验（CRC）码获得。

CRC 结构是当传输块 a_0，a_1，a_2，a_3，$\cdots$，a_{A-1}（$A = 24\text{bit}$）被生成多项式分开的余数，余数为 p_0，p_1，p_2，p_3，$\cdots$，p_{L-1}（$L = 16$）构成循环冗余比特。

16 个循环冗余比特 p_0，p_1，p_2，p_3，$\cdots$，p_{L-1} 被序列 $x_{ant,0}$，$x_{ant,1}$，$\cdots$，$x_{ant,15}$ 加扰，然后连接到传输块构成序列 c_0，c_1，c_2，c_3，$\cdots$，c_{K-1}。

序列 $x_{ant,0}$，$x_{ant,1}$，$\cdots$，$x_{ant,15}$ 决定了天线端口的数量（见表 7-1）。

表 7-1   循环冗余序列的掩码

天线端口数	序列 $x_{ant,0}$, $x_{ant,1}$, $\cdots$, $x_{ant,15}$
1	<0, 0, 0, 0, 0, 0, 0, 0, 0, 0, 0, 0, 0, 0, 0, 0>
2	<1, 1, 1, 1, 1, 1, 1, 1, 1, 1, 1, 1, 1, 1, 1, 1>
4	<0, 1, 0, 1, 0, 1, 0, 1, 0, 1, 0, 1, 0, 1, 0, 1>

7.1.2   纠错码

纠错码是一个卷积码，产生三个序列 $d_0^{(i)}$，$d_1^{(i)}$，$d_2^{(i)}$，$d_3^{(i)}$，$\cdots$，$d_{D-1}^{(i)}$，其中 $i=0$，1 和 2，D 对应于序列的比特数。

7.1.3   速率匹配

重复从卷积码导出的三个序列 $d_0^{(i)}$，$d_1^{(i)}$，$d_2^{(i)}$，$d_3^{(i)}$，$\cdots$，$d_{D-1}^{(i)}$，以在正常前缀的情况下达到 1920bit 序列或在扩展前缀的情况下达到 1728bit 序列。

输出序列记为 e_0，e_1，e_2，e_3，$\cdots$，e_{E-1}，其中 E 对应于序列的比特数。

7.1.4   扰码

比特序列 $b(0)$，$\cdots$，$b(M_{bit}-1)$ 由序列 $c(i)$ 加扰，M_{bit} 标识发送到 PBCH 物理信道的比特数。

结果生成带 $\tilde{b}(i) = [b(i) + c(i)]mod2$ 的比特序列 $\tilde{b}(0)$，$\cdots$，$\tilde{b}(M_{bit}-1)$。

加扰序列使用 31bit 多项式的伪随机序列建立。

加扰序列的初始值 c_{init} 等于 N_{ID}^{cell}，其对应于当执行移动台的时间同步时检索到的物理层小区标识（PCI）。

7.1.5   调制

符号序列 $d(0)$，$\cdots$，$d(M_{symb}-1)$ 从比特序列 $\tilde{b}(0)$，$\cdots$，$\tilde{b}(M_{bit}-1)$ 中获得（一个符号对应于 2bit），其对应于正交相移键控（QPSK）调制。

符号 M_{symb} 的数量在普通循环前缀的情况下等于 960，在扩展循环前缀的情况下等于 864。

7.1.6   空间层上的映射

将符号集 $d(0)$，$\cdots$，$d(M_{symb}-1)$ 映射到符号集 $x^{(0)}(i)$，$\cdots$，$x^{(v-1)}(i)$，其中 $i=0,1,\cdots,M_{symb}^{layer}-1$，其中 v 对应于空间层的数量，M_{symb}^{layer} 对应于每个空间层的符号的数量。

空间层的数量对应于天线端口的数量。

当使用 1 个天线端口（p0）时，获得以下关系：

$$x^{(0)}(i) = d^{(0)}(i)$$

当使用 2 个天线端口（p0 和 p1）时，获得以下关系：

$$x^{(0)}(i) = d^{(0)}(2i)$$
$$x^{(1)}(i) = d^{(0)}(2i+1)$$
$$M_{symb}^{layer} = M_{symb}/2$$

当使用 4 个天线端口（p0 ~ p3）时，获得以下关系：

$$x^{(0)}(i) = d^{(0)}(4i)$$

$$x^{(1)}(i) = d^{(0)}(4i+1)$$

$$x^{(2)}(i) = d^{(0)}(4i+2)$$

$$x^{(3)}(i) = d^{(0)}(4i+3)$$

$$M_{symb}^{layer} = M_{symb}/4$$

7.1.7 预编码

预编码被应用于符号集 $x^{(0)}(i),\cdots,x^{(v-1)}(i)$ 以生成序列 $y^{(p)}(0),\cdots,y^{(p)}(M_{symb}-1)$，其中 p 对应于天线端口号。

当使用单个天线端口（p0）时，不执行预编码。

当使用两个天线端口（p0 和 p1）时，PBCH 物理信道通过空间频率块编码（SFBC）传输，这是一种发射分集。

符号使用以下预编码来传输：

1）天线端口（0） $y^{(0)}(2i) = x^{(0)}(i)$ $y^{(0)}(2i+1) = x^{(1)}(i)$

2）天线端口（1） $y^{(1)}(2i) = -[x^{(1)}(i)]^*$ $y^{(1)}(2i+1) = [x^{(0)}(i)]^*$

星号（*）表示复共轭。

当使用 4 个天线端口（p0 ~ p3）时，PBCH 物理信道通过 SFBC/FSTD（频移发射分集）进行传输。

符号使用以下预编码来传输：

1）天线端口（0） $y^{(0)}(4i) = x^{(0)}(i)$ $y^{(0)}(4i+1) = x^{(1)}(i)$

2）天线端口（1） $y^{(1)}(4i+2) = x^{(2)}(i)$ $y^{(1)}(4i+3) = x^{(3)}(i)$

3）天线端口（2） $y^{(2)}(4i) = -[x^{(1)}(i)]^*$ $y^{(2)}(4i+1) = [x^{(0)}(i)]^*$

4）天线端口（3） $y^{(3)}(4i+2) = -[x^{(3)}(i)]^*$ $y^{(3)}(4i+3) = [x^{(2)}(i)]^*$

7.1.8 资源单元上的映射

在正常循环前缀的情况下，符号序列 $y^{(p)}(0),\cdots,y^{(p)}(M_{symb}-1)$ 是包括 240 个符号的 4 个块，或者在扩展循环前缀的情况下为 216 个符号的 4 个块。

每个天线端口的符号序列 $y^{(p)}(0),\cdots,y^{(p)}(M_{symb}-1)$ 在 4 个连续的帧中发送，其中第一帧的数目必须是 4 的倍数。

在频域中，符号序列被映射到位于与无线电信道的中心频率对应的子载波两侧的 72 个子载波。

在时域中，具有 240 或 216 个符号的 1 个块被映射到子帧 0 的第 2 时隙（时隙 1）的前 4 个正交频分复用（OFDM）符号。

用于小区特定参考信号（RS）的资源单元（包括分配给四个天线端口 p0 ~ p3

的所有资源元素）不用于 PBCH 物理信道。

正常循环前缀和频分双工（FDD）模式的 PBCH 物理信道的映射如图 7-2 所示。

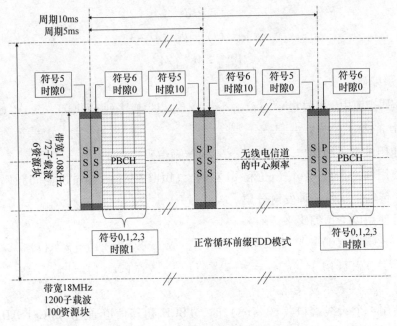

图 7-2　PBCH 物理信道的映射

7.2　PCFICH 物理信道

控制格式指示符（CFI）为每个子帧定义分配给物理下行链路控制信道（PD-CCH）的正交频分复用（OFDM）符号的数目。CFI 信息通过物理控制格式指示符信道（PCFICH）传送。

图 7-3 中总结了与 PCFICH 物理信道相关的处理。

7.2.1　CFI 信息

CFI 信息取值等于 1、2 或 3。

如果无线电信道的带宽大于 1.4MHz，则 OFDM 符号（1，2，3）的数量等于 CFI 的值。

如果无线电信道的带宽等于 1.4MHz，则 OFDM 符号（2，3，4）的数量等于 CFI 值加 1。

7.2.2　纠错码

每块码通过编码 CFI 信息的值（见表 7-2）的 2bit 生成一个 32bit 序列 $b(0)$，$\cdots,b(31)$。

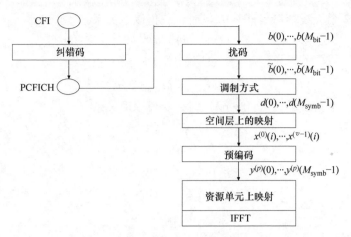

图 7-3 与 PCFICH 物理信道相关的处理

表 7-2 CFI 信息的编码

CFI 值	序列 $b(0),\cdots,b(31)$
1	0,1,1,0,1,1,0,1,1,0,1,1,0,1,1,0,1,1,0,1,1,0,1,1,0,1,1,0,1,1,0,1
2	1,0,1,1,0,1,1,0,1,1,0,1,1,0,1,1,0,1,1,0,1,1,0,1,1,0,1,1,0,1,1,0
3	1,1,0,1,1,0,1,1,0,1,1,0,1,1,0,1,1,0,1,1,0,1,1,0,1,1,0,1,1,0,1,1
4	0,0,0,0,0,0,0,0,0,0,0,0,0,0,0,0,0,0,0,0,0,0,0,0,0,0,0,0,0,0,0,0

7.2.3 扰码

使用 31bit 多项式的伪随机序列 $c(i)$ 对比特序列 $b(0),\cdots,b(31)$ 进行加扰，以产生比特序列 $\tilde{b}(0),\cdots,\tilde{b}(31)$：

$$\tilde{b} = \left[b(i) + c(i) \right] \mathrm{mod}2$$

伪随机序列的初始值 c_{init} 用下面的公式获得：

$$c_{\mathrm{init}} = (\lfloor n_s/2 \rfloor + 1) \cdot (2N_{\mathrm{ID}}^{\mathrm{cell}} + 1) \cdot 2^9 + N_{\mathrm{ID}}^{\mathrm{cell}}$$

式中，n_s 对应于时间帧的时隙号；$N_{\mathrm{ID}}^{\mathrm{cell}}$ 对应于物理层小区标识（PCI）。

7.2.4 调制

从比特序列 $\tilde{b}(0),\cdots,\tilde{b}(M_{\mathrm{bit}} - 1)$ 中产生对应于正交相移键控（QPSK）调制的符号序列 $d(0),\cdots,d(M_{\mathrm{symb}} - 1)$，其中符号数量 M_{symb} 等于 16。

7.2.5 空间层上的映射

将符号集 $d(0),\cdots,d(M_{\mathrm{symb}} - 1)$ 映射到符号集合 $x^{(0)}(i),\cdots,x^{(v-1)}(i)$，其中 $i = 0,1,\cdots,M_{\mathrm{symb}}^{\mathrm{layer}} - 1$，$v$ 对应于空间层的数量，$M_{\mathrm{symb}}^{\mathrm{layer}}$ 对应于每个空间层的符号的数量。

空间层的数量对应于天线端口的数量。

当使用 1 个天线端口（p0）时，获得以下关系：

$$x^{(0)}(i) = d^{(0)}(i)$$

当使用 2 个天线端口（p0 ~ p1）时，获得以下关系：

$$x^{(0)}(i) = d^{(0)}(2i)$$

$$x^{(1)} = d^{(0)}(2i+1)$$

$$M_{symb}^{layer} = M_{symb}/2 = 8$$

当使用 4 个天线端口（p0 ~ p3）时，获得以下关系：

$$x^{(0)}(i) = d^{(0)}(4i)$$

$$x^{(1)}(i) = d^{(0)}(4i+1)$$

$$x^{(2)}(i) = d^{(0)}(4i+2)$$

$$x^{(3)}(i) = d^{(0)}(4i+3)$$

$$M_{symb}^{layet} = M_{symb}/4 = 4$$

7.2.6　预编码

将预编码应用于符号集 $x^{(0)}(i), \cdots, x^{(v-1)}(i)$ 以生成符号序列 $y^{(p)}(0), \cdots, y^{(p)}(M_{symb}-1)$，其中 p 对应于天线端口号。

当使用单个天线端口（p0）时，不执行预编码。

当使用两个天线端口（p0 和 p1）时，PCFICH 物理信道通过空间频率块编码（SFBC）发送，这是一种发射分集的形式。

符号使用以下预编码来传输：

1）天线端口（0）　$y^{(0)}(2i) = x^{(0)}(i)$ 　　　　$y^{(0)}(2i+1) = x^{(1)}(i)$

2）天线端口（1）　$y^{(1)}(2i) = -[x^{(1)}(i)]^*$ 　　　$y^{(1)}(2i+1) = [x^{(0)}(i)]^*$

星号（ * ）表示复共轭。

当使用 4 个天线端口（p0 ~ p3）时，通过 SFBC/FSTD（频移发射分集）发送 PCFICH 物理信道。

符号使用以下预编码来传输：

1）天线端口（0）　$y^{(0)}(4i) = x^{(0)}(i)$ 　　　　$y^{(0)}(4i+1) = x^{(1)}(i)$

2）天线端口（1）　$y^{(1)}(4i+2) = x^{(2)}(i)$ 　　　$y^{(1)}(4i+3) = x^{(3)}(i)$

3）天线端口（2）　$y^{(2)}(4i) = -[x^{(1)}(i)]^*$ 　　　$y^{(2)}(4i+1) = [x^{(0)}(i)]^*$

4）天线端口（3）　$y^{(3)}(4i+2) = -[x^{(3)}(i)]^*$ 　　$y^{(3)}(4i+3) = [x^{(2)}(i)]^*$

7.2.7　资源单元上的映射

包括 16 个符号的序列 $y^{(p)}(0), \cdots, y^{(p)}(M_{symb}-1)$ 被映射到位于每个子帧的第 1 个 OFDM 符号中的 4 个资源单元组（REG）。

每个资源单元组的位置通过以下关系获得：

1）REG（0）由 $k = \bar{k}$ 表示；

2）REG（1）由 $k = \bar{k} + \lfloor N_{RB}^{DL}/2 \rfloor N_{sc}^{RB}/2$ 表示；

3）REG（2）由 $k = \bar{k} + \lfloor 2N_{RB}^{DL}/2 \rfloor N_{sc}^{RB}/2$ 表示；

4）REG（3）由 $k = \bar{k} + \lfloor 3N_{RB}^{DL}/2 \rfloor N_{sc}^{RB}/2$ 表示；

$$\bar{k} = (N_{sc}^{RB}/2)(N_{ID}^{cell} \bmod 2 N_{RB}^{DL})$$

式中，k 是频域中的资源元素索引；N_{RB}^{DL} 是无线信道的带宽，表示为资源块（RB）的数量；N_{sc}^{RB} 是频域中资源块的大小，表示为子载波数量。

图 7-4 描述了 PCFICH 物理信道位置的示例，从以下数值中获得：

1）$N_{RB}^{DL} = 6$，对应于无线电信道的 1.4MHz 带宽；

2）$N_{sc}^{RB} = 12$，其在频域中对应于每个资源块的 12 个子载波。

$N_{ID}^{cell} = 0$

1）REG（0）由指数（$k = 0$）表示；

2）REG（1）由指数（$k = 18$）表示；

3）REG（2）由指数（$k = 36$）表示；

4）REG（3）由指数（$k = 54$）表示。

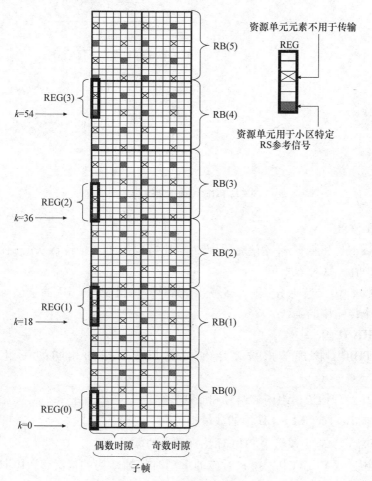

图 7-4　PCFICH 物理信道的映射

7.3 PHICH 物理信道

混合自动重传请求（HARQ）机制允许每次重传一次纠错。

eNB 实体发送在物理 HARQ 指示符信道（PHICH）中传输的 HARQ 指示符（HI），以指示在物理上行链路共享信道（PUSCH）中针对上行链路方向接收的数据的肯定 ACK 或否定 NACK 确认。

与 PHICH 物理信道相关的处理过程如图 7-5 所示。

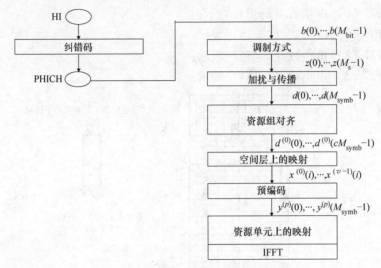

图 7-5 与 PHICH 物理信道相关的处理

7.3.1 HI 信息

对于版本 8 和版本 9，信息被编码为一比特以用于一个传输块的确认。其对于 NACK 取 0 值，ACK 取 1 值。

对于版本 10，当使用多输入多输出（MIMO）机制时，HI 信息被编码为 2bit，以用于 2 个传输块的确认。

7.3.2 PHICH 组

多个 PHICH 物理信道被复用在代表 PHICH 组的相同的一组资源单元（RE）中。

PHICH 物理信道由组内的组号和序列号标识：

1）N_{PHICH}^{group} 对应于 PHICH 组的数量；

2）N_{PHICH}^{seq} 对应于该组中 PHICH 物理信道的数量。

对于频分双工（FDD）模式对应的 1 型时间帧结构的情况，PHICH 组的个数用以下公式计算：

1）对于正常循环前缀，$N_{PHICH}^{group} = N_g \lceil (N_{RB}^{DL}/8) \rceil$；

2）对于扩展循环前缀，$N_{PHICH}^{group} = 2 \lfloor (N_g(N_{RB}^{DL}/8)) \rfloor$。

式中，N_{RB}^{DL}是无线电信道的带宽，表示为资源块（RB）的数量。

参数 N_g 的值由包含在物理广播信道（PBCH）中的主信息块（MIB）消息提供。

N_g 可以取下列值：$N_g \in \{1/6, 1/2, 1, 2\}$。

对于时分双工（TDD）模式对应的 2 型时间帧结构的情况，PHICH 组的数量取决于将每个子帧分配给下行链路或上行链路方向的配置。

用公式 $m_f N_{PHICH}^{group}$ 获得 PHICH 组的数目。

表 7-3 提供了根据帧配置的每个子帧的乘法因子 m_i 的值。

表 7-3　乘法因子 m_i 的值

帧配置	子帧									
	0	1	2	3	4	5	6	7	8	9
0	2	1	—	—	—	2	1	—	—	—
1	0	1	—	—	1	0	1	—	—	1
2	0	0	—	1	0	0	0	—	1	0
3	1	0	—	—	—	0	0	0	1	1
4	0	0	—	—	1	0	0	0	1	1
5	0	0	—	1	0	0	0	0	1	0
6	1	1	—	1	1	—	1	1	—	1

7.3.3　纠错码

纠错码是一个重复码，HI 比特重复 3 次构成比特序列 $b(0), \cdots, b(M_{bit}-1)$，$M_{bit}=3$：

1）0，0，0 表示否定确认；

2）1，1，1 表示肯定确认。

7.3.4　调制

从比特序列 $b(0), \cdots, b(M_{bit}-1)$ 中产生对应于二进制相移键控（BPSK）调制的符号序列 $z(0), \cdots, z(M_s-1)$，其中符号 M_s 的数量等于 3。

7.3.5　加扰和传播

将符号序列 $z(0), \cdots, z(M_s-1)$ 重复 N_{SF}^{PHICH} 次并且乘以正交扩频序列和小区特定加扰序列以生成符号块 $d(0), d(1), \cdots, d(M_{symb}-1)$，其中：

$$M_{symb} = 3N_{SF}^{PHICH}$$

1）正常循环前缀的情况下 $N_{SF}^{PHICH}=4$，一个 HI 信息生成 12 个符号。

2）扩展循环前缀的情况下 $N_{SF}^{PHICH}=2$，一个 HI 信息生成 6 个符号。

符号块 $d(0), d(1), \cdots, d(M_{symb}-1)$ 用以下公式获得：

$$d(i) = w(i \bmod N_{SF}^{PHICH}) \cdot [1-2c(i)] \cdot z(\lfloor i/N_{SF}^{PHICH} \rfloor)$$

式中，$w(i\bmod N_{\mathrm{SF}}^{\mathrm{PHICH}})$ 表示允许在相同的 PHICH 组中复用多个 PHICH 物理信道的正交序列（见表7-4）；$c(i)$ 表示使用 31bit 多项式的伪随机序列生成的小区特定加扰序列。

表 7-4　正交序列的值

$N_{\mathrm{PHICH}}^{\mathrm{seq}}$	正常循环前缀	扩展循环前缀
	$w(0),w(1),w(2),w(3)$	$w(0),w(1)$
0	$[\,+1\ +1\ +1\ +1\,]$	$[\,+1\ +1\,]$
1	$[\,+1\ -1\ +1\ -1\,]$	$[\,+1\ -1\,]$
2	$[\,+1\ +1\ -1\ -1\,]$	$[\,+j\ +j\,]$
3	$[\,+1\ -1\ -1\ +1\,]$	$[\,+j\ -j\,]$
4	$[\,+j\ +j\ +j\ +j\,]$	—
5	$[\,+j\ -j\ +j\ -j\,]$	—
6	$[\,+j\ +j\ -j\ -j\,]$	—
7	$[\,+j\ -j\ -j\ +j\,]$	—

加扰序列 $c(i)$ 的初始值 c_{init} 用以下公式获得：

$$c_{\mathrm{init}} = (\lfloor n_{\mathrm{s}}/2 \rfloor + 1) \cdot (2N_{\mathrm{ID}}^{\mathrm{cell}} + 1) \cdot 2^9 + N_{\mathrm{ID}}^{\mathrm{cell}}$$

式中，n_{s} 对应于时间帧的时隙号；$N_{\mathrm{ID}}^{\mathrm{cell}}$ 对应于物理层小区标识（PCI）。

7.3.6　资源组对齐

资源单元组（REG）由 4 个资源单元组成，其中每个资源单元包含一个符号。

符号序列 $d(0),\cdots,d(M_{\mathrm{symb}}-1)$ 必须与资源单元组的大小对齐以生成符号序列 $d^{(0)}(0),\cdots,d^{(0)}(cM_{\mathrm{symb}}-1)$：

1）在正常前缀的情况下，$c=1$；

2）在扩展前缀的情况下，$c=2$。

在正常循环前缀的情况下，序列 $z(0),\cdots,z(M_{\mathrm{s}}-1)$ 的每个符号由 4 个加扰符号表示，并且在这种情况下，不需要对齐：

$$d^{(0)}(i) = d(i),\ i=0,\cdots,M_{\mathrm{symb}}-1$$

在扩展循环前缀的情况下，序列 $z(0),\cdots,z(M_{\mathrm{s}}-1)$ 的每个符号由 2 个加扰信号表示。

要创建一个 4 符号块，需要添加 0：

1）如果参数 $N_{\mathrm{PHICH}}^{\mathrm{seq}}$ 具有奇数值，则在加扰符号块之前；

2）如果参数 $N_{\mathrm{PHICH}}^{\mathrm{seq}}$ 具有偶数值，则在块之后。

7.3.7　空间层上的映射

将符号集 $d^{(0)}(0),\cdots,d^{(0)}(cM_{\mathrm{symb}}-1)$ 映射到符号集 $x^{(0)}(i),\cdots,x^{(v-1)}(i)$，其中 $i=0,1,\cdots,M_{\mathrm{symb}}^{\mathrm{layer}}-1$，其中 v 对应于空间层的数量并且 $M_{\mathrm{symb}}^{\mathrm{layer}}$ 对应于每个空间层的符号的数量。

空间层的数量对应于天线端口的数量。

当使用1个天线端口（p0）时，获得以下关系：

$$x^{(0)}(i) = d^{(0)}(i)$$

当使用2个天线端口（p0和p1）时，获得以下关系：

$$x^{(0)}(i) = d^{(0)}(2i)$$

$$x^{(1)}(i) = d^{(0)}(2i+1)$$

$$M_{\text{symb}}^{\text{layer}} = cM_{\text{symb}}/2$$

当使用4个天线端口（p0~p3）时，获得以下关系：

$$x^{(0)}(i) = d^{(0)}(4i)$$

$$x^{(1)}(i) = d^{(0)}(4i+1)$$

$$x^{(2)}(i) = d^{(0)}(4i+2)$$

$$x^{(3)}(i) = d^{(0)}(4i+3)$$

$$M_{\text{symb}}^{\text{layer}} = cM_{\text{symb}}/4$$

7.3.8 预编码

预编码在符号集 $x^{(0)}(i), \cdots, x^{(v-1)}(i)$ 中执行以产生序列 $y^{(p)}(0), \cdots, y^{(p)}$ $(M_{\text{symb}}-1)$，其中 p 对应于天线端口号。

当使用1个天线端口（p0）时，不执行预编码。

当使用2个天线端口（p0和p1）时，PHICH物理信道以空间频率块编码（SFBC）（一种发射分集的形式）进行发送。

符号使用以下预编码来传输：

1）天线端口(0) $y^{(0)}(2i) = x^{(0)}(i)$ $y^{(0)}(2i+1) = x^{(1)}(i)$

2）天线端口(1) $y^{(1)}(2i) = -\left[x^{(1)}(i)\right]^*$ $y^{(1)}(2i+1) = \left[x^{(0)}(i)\right]^*$

星号（＊）表示复共轭。

当使用4个天线端口（p0~p3）时，PHICH物理信道以SFBC／FSTD（频移发射分集）进行发送。

符号在以下情况下使用以下预编码进行传输：

1）对于正常循环前缀，$(i + n_{\text{PHICH}}^{\text{group}}) \bmod 2 = 0$；

2）对于扩展循环前缀，$(i + \lfloor n_{\text{PHICH}}^{\text{group}}/2 \rfloor) \bmod 2 = 0$。

天线端口（0） $y^{(0)}(4i) = x^{(0)}(i)$ $y^{(0)}(4i+1) = x^{(1)}(i)$

                $y^{(0)}(4i+2) = x^{(2)}(i)$ $y^{(0)}(4i+3) = x^{(3)}(i)$

天线端口（2） $y^{(2)}(4i) = -\left[x^{(1)}(i)\right]^*$ $y^{(2)}(4i+1) = \left[x^{(0)}(i)\right]^*$

                $y^{(2)}(4i+2) = -\left[x^{(2)}(i)\right]^*$ $y^{(2)}(4i+3) = \left[x^{(2)}(i)\right]^*$

符号在以下情况下使用以下预编码进行传输：

1) 对于正常循环前缀，$(i + n_{\text{PHICH}}^{\text{group}}) \bmod 2 = 1$；

2) 对于扩展循环前缀，$(i + \lfloor n_{\text{PHICH}}^{\text{group}}/2 \rfloor) \bmod 2 = 1$。

天线端口（1） $y^{(1)}(4i) = -x^{(0)}(i)$ $\qquad\qquad y^{(1)}(4i+1) = x^{(1)}(i)$

$\qquad\qquad y^{(1)}(4i+2) = x^{(2)}(i)$ $\qquad\qquad y^{(1)}(4i+3) = x^{(3)}(i)$

天线端口（3） $y^{(3)}(4i) = -[x^{(1)}(i)]^*$ $\qquad y^{(3)}(4i+1) = [x^{(0)}(i)]^*$

$\qquad\qquad y^{(3)}(4i+2) = -[x^{(2)}(i)]^*$ $\qquad y^{(3)}(4i+3) = [x^{(2)}(i)]^*$

7.3.9 资源单元上的映射

用于 PHICH 物理信道传输的 OFDM 符号的数量是可配置的，其在包括 PBCH 物理信道中的主信息块（MIB）消息中指示。

PHICH 物理信道的持续时间是正常的或扩展的。

当持续时间正常时，PHICH 物理信道仅出现在每个子帧的第 1 个 OFDM 符号中。

当持续时间扩展时，PHICH 物理信道在每个子帧的前 3 个 OFDM 符号中存在，除了例外。

该例外涵盖以下子帧，其中 PHICH 物理信道仅存在于前 2 个 OFDM 符号中：

1) TDD 模式下的 2 型时间帧的子帧 1 和 6；

2) MBMS 单频网络（MBSFN）子帧。

PHICH 组的序列$\bar{y}^{(p)}(0), \cdots, \bar{y}^{(p)}[M_{\text{symb}}^{(0)} - 1]$是每个 PHICH 物理信道的所有序列的和：$\bar{y}^{(p)}(n) = \sum y_i^{(p)}(n)$。

对于正常循环前缀，具有索引 m' 的 PHICH 映射单元$\tilde{y}_{m'}^{(p)}(n)$上的具有索引 m 的 PHICH 组$\bar{y}_m^{(p)}(n)$的映射由关系 $\tilde{y}_{m'}^{(p)}(n) = \bar{y}_m^{(p)}(n)$ 定义：

1) 对于 1 型时间帧，$m' = m = 0, 1, \cdots, N_{\text{PHICH}}^{\text{group}} - 1$；

2) 对于 2 型时间帧，$m' = m = 0, 1, \cdots, m_i N_{\text{PHICH}}^{\text{group}} - 1$。

表 7.3 列出了乘法因子 m_i 的值。

对于扩展循环前缀，具有索引 m' 的 PHICH 映射单元$\tilde{y}_{m'}^{(p)}(n)$上的具有索引 m 和 $m+1$ 的 PHICH 组$\bar{y}_m^{(p)}(n)$的映射由关系$\tilde{y}_{m'}^{(p)}(n) = \bar{y}_m^{(p)}(n) + \bar{y}_{m+1}^{(p)}(n)$定义。

1) $m' = m/2$；

2) 对于 1 型时间帧，$m = 0, 2, \cdots, N_{\text{PHICH}}^{\text{group}} - 2$；

3) 对于 2 型时间帧，$m = 0, 2, \cdots, m_i N_{\text{PHICH}}^{\text{group}} - 2$。

对于天线端口 p，由 $z^{(p)}(i) = \langle \tilde{y}^{(p)}(4i), \tilde{y}^{(p)}(4i+1), \tilde{y}^{(p)}(4i+2), \tilde{y}^{(p)}(4i+3) \rangle$ 构成索引为 i 的四元组，其中 $i = 0, 1, 2$，在由 $\text{pair}(k', l')_i$ 表示的资源单元上执行四元组 $z^{(p)}(i)$ 的映射。

索引 l'_i 对应于时域中的 OFDM 符号的数量：

1）对于 PHICH 物理信道的正常持续时间，$l'_i = 0$；

2）在 TDD 模式下，对于 2 型时间帧的子帧 1 和 6，以及 MBSFN 子帧，当使用 PHICH 物理信道的扩展持续时间时，$l'_i = (\lfloor m'/2 \rfloor + i + 1) \bmod 2$；

3）对于其他子帧，当使用 PHICH 物理信道的扩展持续时间时，$l'_i = i$。

索引 k'_i 对应于表示频域中的资源单元组的资源单元的数量。

索引 k'_i 由来自资源单元组的数量 $\overline{n}_i$ 表示。

在 TDD 模式下，对于 2 型时间帧的子帧 1 和 6 和 MBSFN 子帧，当使用 PHICH 物理信道的扩展持续时间时：

$$\overline{n}_i = \begin{cases} (\lfloor N_{\mathrm{ID}}^{\mathrm{cell}} \cdot n_{l'_i}/n_1 \rfloor + m') \bmod n_{l'_i} & , i = 0 \\ (\lfloor N_{\mathrm{ID}}^{\mathrm{cell}} \cdot n_{l'_i}/n_1 \rfloor + m' + \lfloor n_{l'_i}/3 \rfloor) \bmod n_{l'_i} & , i = 1 \\ (\lfloor N_{\mathrm{ID}}^{\mathrm{cell}} \cdot n_{l'_i}/n_1 \rfloor + m' + \lfloor 2n_{l'_i}/3 \rfloor) \bmod n_{l'_i} & , i = 2 \end{cases}$$

对于其他子帧：

$$\overline{n}_i = \begin{cases} (\lfloor N_{\mathrm{ID}}^{\mathrm{cell}} \cdot n_{l'_i}/n_0 \rfloor + m') \bmod n_{l'_i} & , i = 0 \\ (\lfloor N_{\mathrm{ID}}^{\mathrm{cell}} \cdot n_{l'_i}/n_0 \rfloor + m' + \lfloor n_{l'_i}/3 \rfloor) \bmod n_{l'_i} & , i = 1 \\ (\lfloor N_{\mathrm{ID}}^{\mathrm{cell}} \cdot n_{l'_i}/n_0 \rfloor + m' + \lfloor 2n_{l'_i}/3 \rfloor) \bmod n_{l'_i} & , i = 2 \end{cases}$$

$n_{l'}$ 资源单元组的编号范围从 $0 \sim n_{l'} - 1$。

图 7-6 显示了 PHCIH 物理信道的组定位示例，从以下假设中获得：

1）FDD 模式；

2）正常循环前缀；

3）物理信道 PHICH 的正常持续时间：$l'_i = 0$。

$$N_{\mathrm{ID}}^{\mathrm{cell}} = 0$$

频域中资源块的个数 $N_{\mathrm{RB}}^{\mathrm{DL}}$ 等于 6，对应于 1.4MHz 无线信道的带宽。

资源单元组的数目等于 $n_{l'_i} = n_0 = 8$。

PHICH 组 $N_{\mathrm{PHICH}}^{\mathrm{group}}$ 的数目等于 1（$N_g = 1$）。

使用的资源单元组如下：

1）$\overline{n}_0 = 0$ 由索引对 $(k' = 1, l' = 0)$ 表示；

2）$\overline{n}_1 = 2$ 由索引对 $(k' = 4, l' = 0)$ 表示；

3）$\overline{n}_2 = 5$ 由索引对 $(k' = 8, l' = 0)$ 表示。

7.3.10 PHICH 物理信道的分配

在 FDD 模式下，与 PUSCH 物理信道中的数据传输相比，移动台使用 4ms 时延 k_{PHICH} 来分析 PHICH 物理信道。

在 TDD 模式下，时延值 k_{PHICH} 是时间帧和子帧编号的配置的函数（见表 7-5）。

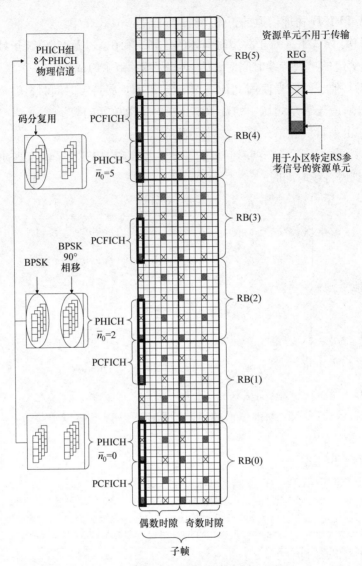

图 7-6 PHICH 物理信道的映射

表 7-5 时延 k_{PHICH} 的值

配置类型	子帧号									
	0	1	2	3	4	5	6	7	8	9
0			4	7	6			4	7	6
1			4	6				4	6	
2			6					6		
3			6	6	6					
4			6	6						
5			6							
6			4	6	6			4	7	

分配给移动台的 PHICH 物理信道由索引对（$n_{\text{PHICH}}^{\text{group}}$，$n_{\text{PHICH}}^{\text{seq}}$）标识，与组号和序列号相关，并用下列公式计算：

$$n_{\text{PHICH}}^{\text{group}} = (I_{\text{PRB\_RA}} + n_{\text{DMRS}}) \bmod N_{\text{PHICH}}^{\text{group}} + I_{\text{PHICH}} N_{\text{PHICH}}^{\text{group}}$$

$$n_{\text{PHICH}}^{\text{seq}} = (\lfloor I_{\text{PRB\_RA}} + N_{\text{PHICH}}^{\text{group}} \rfloor + n_{\text{DMRS}}) \bmod 2 N_{\text{SF}}^{\text{PHICH}}$$

式中，$I_{\text{PRB\_RA}}$ 是在 PUSCH 物理信道中分配的资源块的最低索引。

在版本 10 中，第二个传输块的 $I_{\text{PRB\_RA}}$ 的值增加了一个单位：

1）n_{DMRS} 是在下行链路控制信息（DCI）中，格式 0 和 4，报告的解调参考信号（DM-RS）的循环移位值；

2）$N_{\text{SF}}^{\text{PHICH}}$ 是正交序列的扩频因子的值（4 为 FDD 模式，2 为 TDD 模式）；

3）在 TDD 模式中，对于在子帧 4 和 9 中的 PUSCH 物理信道的传输，I_{PHICH} 的值等于 1，或者对于其他传输实例，I_{PHICH} 的值等于 0。

7.4 PDCCH 物理信道

物理下行链路控制信道（PDCCH）发送针对一个或多个用户设备（UE）的下行链路控制信息（DCI）：

1）针对包括在物理下行链路共享信道（PDSCH）和物理上行链路共享信道（PUSCH）中的数据的资源分配、调制和编码方案；

2）物理上行链路控制信道（PUCCH）和 PUSCH 物理信道的传输功率控制。

对于每个子帧，PDCCH 物理信道采用第一个、前两个或前三个正交频分复用（OFDM）符号。

分配给 PDCCH 物理信道的 OFDM 符号的数量在物理控制格式指示符信道（PCFICH）中指示。

图 7-7 总结了与 PDCCH 物理信道相关的处理。

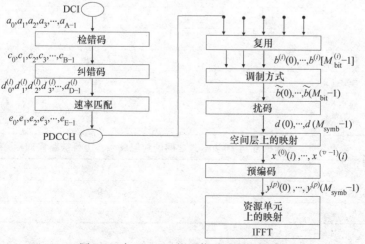

图 7-7　与 PDCCH 物理信道关联的处理

7. 4. 1 DCI 信息

DCI 信息的格式是无线网络临时标识符（RNTI）和传输模式（见表 7-6～表 7-8）的函数。

小区 RNTI（C – RNTI）和半持续调度 C – RNTI（Semi – Persistent Scheduling C – RNTI，SPS C – RNTI）允许检索关于上行链路和下行链路方向上分配给移动台的资源的描述的信息。

系统信息 RNTI（SI – RNTI）允许检索系统信息块（SIB）。

寻呼 RNTI（Paging RNTI，P – RNTI）允许检索与寻呼信息有关的数据。

随机接入 RNTI（Random Access RNTI，RA – RNTI）允许检索随机接入过程中传输的信息。

临时小区 RNTI（Temporary RNTI，TC – RNTI）允许在随机接入过程之后检索在连接过程中交换的信息。

发射功率控制 RNTI（Transmit Power Control RNTI，TPC – RNTI）允许检索关于 PUSCH 和 PUCCH 物理信道的功率控制的信息。

表 7-6　RNTI 类型和 DCI 格式之间的对应关系

RNTI 类型	DCI 格式类型
SI – RNTI、P – RNTI、RA – RNTI	1A、1C
C – RNTI、SPS C – RNTI	0、1、1A、1B、1D、2、2A、2B、2C、4
TPC – RNTI	3、3A

表 7-7　传输模式与 DCI 格式之间的对应关系：下行链路方向

传输模式	DCI 格式类型
模式 1	1、1A
模式 2	1、1A
模式 3	1A、2A
模式 4	1A、2
模式 5	1A、1D
模式 6	1A、1B
模式 7	1、1A
模式 8	1A、2B
模式 9	1A、2C

表 7-8　传输模式与 DCI 格式之间的对应关系：上行链路方向

传输模式	DCI 格式类型
模式 1	0
模式 2	4

格式 0 和 4 在 PUSCH 物理信道中分配资源并调整 PUSCH 物理信道的功率：

1）格式 0 为 1 个传输块分配资源；

2）当使用版本 10 的多输入多输出（MIMO）机制时，格式 4 为 2 个传输块分配资源。

格式 1、1A、1B、1D 针对一个传输块定义了 PDSCH 物理信道中的资源，并调整 PUCCH 物理信道的功率：

1）格式 1A 在 PDSCH 物理信道中引入资源分配，用于有关随机接入、寻呼和 SIB 信息的信息；

2）格式 1B 引入关于针对 PDSCH 物理信道提出的预编码矩阵指示符（Precoding Matrix Indicator，PMI）的信息；

3）格式 1D 引入关于多用户 MIMO 机制的信息，用于传输模式 5。

格式 1C 仅在 PDSCH 物理信道中分配资源，用于关于随机接入、寻呼和 SIB 信息的信息。

格式 2、2A、2B、2C 在 PDSCH 物理信道中为 2 个传输块分配资源，并调整 PUCCH 物理信道的功率：

1）格式 2A 删除有关 PMI 预编码的信息；

2）格式 2B 与版本 9 中引入的传输模式 8 相关；

3）格式 2C 与版本 10 中引入的传输模式 9 相关。

格式 3 和 3A 仅用于 PUCCH 和 PUSCH 物理信道的功率控制：

1）格式 3 使用 2bit 功率调整；

2）格式 3A 使用 1bit 功率调整。

表 7-9 总结了关于下行链路方向调度的格式 1 型和 2 型的 DCI 信息。

表 7-9　格式 1 型和 2 型的 DCI 信息

信息	DCI								
	1	1A	1B	1C	1D	2	2A	2B	2C
载波指示									
间隙值									
局部式/分布式 VRB 分配标志									
格式 0/格式 1A 区分标志									
资源分配									
资源块分配									
调制和编码方案									
HARQ 进程									
新数据指示									
冗余版本									
PUCCH 的 TPC 命令									

（续）

信息	DCI								
	1	1A	1B	1C	1D	2	2A	2B	2C
下行链路分配索引	■	■	■	■	■	■	■		
SRS 请求		■							
预编码的 TPMI 信息			■						
预编码的 PMI 确认			■						
MCCH 更改通知				■					
下行链路功率偏置					■				
传输块到码字交换标志						■	■		
预编码信息						■	■		
加扰标识								■	
天线端口、加扰标识和层数									■

　　载波指示：该字段指示聚合中的无线电信道号，等于 0 的值被分配给主信道 PCell。

　　间隙值：该字段指示用于虚拟资源块（Virtual Resource Block，VRB）的映射的参数 $N_{gap,1}$ 或 $N_{gap,2}$。

　　局部式/分布式 VRB 分配标志：该字段指示虚拟资源块的映射是局部式还是分布式。

　　格式 0/格式 1 的区分标志：该字段允许确定 DCI 的格式 0 或 1A。

　　资源分配：该字段指示资源分配的类型；0 型或 1 型，其定义分配给移动台的资源块组（Resource Block Group，RBG）的比特映射。

　　资源块分配：该字段显示分配的资源块（RB）在频域中的位置。

　　调制和编码方案（MCS）：该字段提供对应于调制和编码方案的索引。

　　HARQ 进程：该字段指示混合自动重传请求（HARQ）进程的编号。

　　新数据指示（New Data Indicator，NDI）：该字段指示数据是新的还是重传的一部分。

　　冗余版本（Redundancy Version，RV）：该字段指示冗余版本的编号。

　　PUCCH 的 TPC 命令：该字段提供 PUCCH 物理信道的功率控制的增量值。

　　下行链路分配索引：在时分双工（TDD）模式中使用的该字段指示其 eNB 实体等待确认的下行链路方向的传输数量。

　　SRS 请求：该字段表示移动台必须产生探测参考信号（Sounding Request Signal，SRS）。

　　预编码的 TPMI 信息：该字段指示发射预编码矩阵指示（Transmitted Precoding Matrix Indicator，TPMI）的索引。

预编码的 PMI 确认：该字段指示预编码是否使用先前由移动台发送的 TPMI 或 PMI 信息。

MCCH 更改通知：该字段表示对多播控制信道（MCCH）的修改。

下行链路功率偏置：在多用户 MIMO 传输模式的情况下，该字段指示与用单个用户传输的功率偏置相比的功率偏置（0dB 或 −3dB）。

传输块到码字交换标志：该字段定义码字和传输块之间的关系。

预编码信息：该字段提供对应于预编码值的表索引。

加扰标识：该字段表示加扰标识，并且使得在多用户 MIMO 传输模式的情况下，两个移动台能够共享相同的天线端口。

天线端口、加扰标识和层数：该字段指示定义空间层数、天线端口数和加扰标识的表指针的值。

表 7-10 总结了关于上行链路方向调度的格式 0 和 4 的 DCI 信息。

表 7-10 格式 0 和 4 的 DCI 信息

信息	DCI	
	0	4
载波指示		
格式 0/格式 1A 区分标志		
调频标志		
资源分配		
资源块分配		
调制和编码方案		
新数据指示		
冗余版本		
PUSCH 的 TPC 命令		
DM RS 和 OCC 索引的循环移位		
UL 索引		
下行链路分配索引		
CSI 请求		
SRS 请求		
预编码信息		

跳频标志：该字段指示是否必须将跳频过程应用于 PUSCH 物理信道。

PUSCH 的 TPC 命令：该字段为 PUSCH 物理信道的功率控制提供增量值。

DM RS 和 OCC 索引的循环移位：该字段提供一个表格指针，定义用于解调参考信号（DM−RS）的循环移位值。版本 10 包含在正交覆盖码（OCC）表中，其允许多用户 MIMO 传输模式的多个移动台的空间复用。

UL 索引：该字段仅用于 TDD 模式和配置 0，它表示必须应用以下操作的时刻：

1）PUSCH 物理信道的功率命令；

2）关于通过 PDSCH 物理信道接收到的信号报告的信道状态信息（CSI）；

3）通过 PUSCH 物理信道的传输。

CSI 请求：该字段指示无线信道或聚合的一部分的一组无线信道必须恢复 CSI 非周期性报告。

7.4.2 检错码

通过循环冗余校验（CRC）代码获得错误检测。

CRC 结构是当对应于 DCI 信息的传输块 a_0，a_1，a_2，a_3，$\cdots$，a_{A-1} 被生成多项式划分时的余数，余数 p_0，p_1，p_2，p_3，$\cdots$，p_{L-1}（L = 16）构成循环冗余比特。

传输块 a_0，a_1，a_2，a_3，$\cdots$，a_{A-1} 与来自循环冗余 p_0，p_1，p_2，p_3，$\cdots$，p_{L-1} 的 16bit 的级联构成了结构 b_0，b_1，b_2，b_3，$\cdots$，b_{B-1}。

由于 PDCCH 物理信道专门向移动台携带 DCI 信息或者由多个移动台共享，所以在 CRC 结构与 RNTI $x_{RNTI,0}$，$x_{RNTI,1}$，$\cdots$，$x_{RNTI,15}$ 之间执行异或，得到序列 c_0，c_1，c_2，c_3，$\cdots$，c_{B-1}：

1）对于 $k = 0$，1，2，$\cdots$，A -1，$c_k = b_k$；

2）对于 $k = A$，A $+1$，A $+2$，$\cdots$，A $+15$，$c_k = (b_k + x_{RNTI,k-A})$ mod 2。

在需要配置移动传输天线的数量的情况下，对于格式 0，应用天线选择掩码 $x_{AS,0}$，$x_{AS,1}$，$\cdots$，$x_{AS,15}$（见表 7-11）。

表 7-11 天线选择掩码

天线数量	天线选择掩码 $x_{AS,0}$，$x_{AS,1}$，$\cdots$，$x_{AS,15}$
0	0, 0, 0, 0, 0, 0, 0, 0, 0, 0, 0, 0, 0, 0, 0, 0
1	0, 0, 0, 0, 0, 0, 0, 0, 0, 0, 0, 0, 0, 0, 0, 1

7.4.3 纠错码

纠错码是一个卷积码，它产生三个序列 $d_0^{(i)}$，$d_1^{(i)}$，$d_2^{(i)}$，$d_3^{(i)}$，$\cdots$，$d_{D-1}^{(i)}$，其中 $i = 0$，1，2 和 D 对应于序列的比特数。

7.4.4 速率匹配

传播条件决定了保留的编码方案。速率匹配确定具有所需编码速率的序列。

从卷积码发出的三个序列被交错，然后储存在循环储存器中。循环储存器的比特被选择或打孔以构成输出序列 e_0，e_1，e_2，e_3，$\cdots$，e_{E-1}，其中 E 对应于序列的比特数。

7.4.5 复用

DCI 信息在控制信道单元（Control Channel Element，CCE）的聚合中传输。每个控制信道单元占用 9 个资源单元组（REG）。

表 7-12 总结了 PDCCH 物理信道的不同格式类型的结构。

表 7-12　PDCCH 物理信道的格式类型

PDCCH 格式类型	CCE 数量	REG 数量	RE 数量	比特数
0	1	9	36	72
1	2	18	72	144
2	4	36	144	288
3	8	72	288	576

7.4.6　扰码

比特序列 $b^{(i)}(0)$，$\cdots$，$b^{(i)}\left[M_{\text{bit}}^{(i)}-1\right]$ 用序列 $c(i)$ 加扰，$M_{\text{bit}}^{(i)}$ 对应于信道 i 中的比特数。

$i = 0$，$\cdots$，n_{PDCCH}，n_{PDCCH} 对应于 PDCCH 物理信道的编号。

这导致比特序列 $\widetilde{b}$，$\cdots$，$\widetilde{b}(M_{\text{tot}}-1)$，$M_{\text{tot}}$ 对应于序列的比特数 $M_{\text{tot}} = \sum M_{\text{bit}}^{(i)}$。

$$\widetilde{b}(i) = \left[b(i) + c(i)\right] \bmod 2$$

加扰序列由使用 31bit 多项式的伪随机序列构建。

加扰序列的初始值 c_{init} 用以下公式计算：

$$c_{\text{init}} = \lfloor n_{\text{s}}/2 \rfloor 2^9 + N_{\text{ID}}^{\text{cell}}$$

式中，n_{s} 是时间帧中的时隙的编号；$N_{\text{b}}^{\text{cell}}$ 是物理层小区标识（PCI）的编号。

7.4.7　调制

对应于正交相移键控（QPSK）调制的符号序列 $d(0)$，$\cdots$，$d(M_{\text{symb}}-1)$ 是从比特序列 $\widetilde{b}(0)$，$\cdots$，$\widetilde{b}(\widetilde{M}_{\text{tot}}-1)$ 中获得的，其中一个符号对应于两个比特。

7.4.8　空间层上的映射

比特符号集 $d^{(0)}$，$\cdots$，$d(M_{\text{symb}}-1)$ 映射到集合 $x^{(0)}(i) \cdots x^{(v-1)}(i)$，其中 $i = 0$，1，$\cdots$，$M_{\text{symb}}^{\text{layer}}-1$，其中 v 对应于空间层的数量，并且 $M_{\text{symb}}^{\text{layer}}$ 对应于每层的符号的数量。

空间层的数量对应于天线端口的数量。

当使用 1 个天线端口（p0）时，获得以下关系：

$$x^{(0)}(i) = d^{(0)}(i)$$

当使用 2 个天线端口（p0 和 p1）时，获得以下关系：

$$x^{(0)}(i) = d^{(0)}(2i)$$
$$x^{(1)}(i) = d^{(0)}(2i+1)$$
$$M_{\text{symb}}^{\text{layer}} = M_{\text{symb}}/2$$

当使用 4 个天线端口（p0 ~ p3）时，获得以下关系：

$$x^{(0)}(i) = d^{(0)}(4i)$$
$$x^{(1)}(i) = d^{(0)}(4i+1)$$
$$x^{(2)}(i) = d^{(0)}(4i+2)$$

$$x^{(3)}(i) = d^{(0)}(4i + 3)$$
$$M_{\text{symb}}^{\text{layer}} = M_{\text{symb}}/4$$

7.4.9 预编码

预编码被应用在符号集 $x^{(0)}(i) \cdots x^{(v-1)}(i)$ 上以生成序列 $y^{(p)}(0), \cdots, y^{(p)}(M_{\text{symb}-1})$，其中 p 对应于天线端口的数量。

当使用 1 个天线端口（p0）时，不执行预编码。

当使用 2 个天线端口（p0 和 p1）时，使用空间频率块编码（SFBC）来传送 PDCCH 物理信道，SFBC 是发射分集的一种形式。

符号使用以下预编码来传输：

1）天线端口(0)　　$y^{(0)}(2i) = x^{(0)}(i)$ 　　　　 $y^{(0)}(2i + 1) = x^{(1)}(i)$
2）天线端口(1)　　$y^{(1)}(2i) = -[x^{(1)}(i)]^*$ 　　$y^{(1)}(2i + 1) = [x^{(0)}(i)]^*$

当使用 4 个天线端口（p0 ~ p3）时，使用 SFBC / FSTD（频移发射分集）发送 PDCCH 物理信道。

符号使用以下预编码来传输：

1）天线端口(0) $y^{(0)}(4i) = x^{(0)}(i)$ 　　　　 $y^{(0)}(4i + 1) = x^{(1)}(i)$
2）天线端口(1) $y^{(1)}(4i + 2) = x^{(2)}(i)$ 　　 $y^{(1)}(4i + 3) = x^{(3)}(i)$
3）天线端口(2) $y^{(2)}(4i) = -[x^{(1)}(i)]^*$ 　　 $y^{(2)}(4i + 1) = [x^{(0)}(i)]^*$
4）天线端口(3) $y^{(3)}(4i + 2) = -[x^{(3)}(i)]^*$ 　 $y^{(3)}(4i + 3) = [x^{(2)}(i)]^*$

7.4.10 资源单元上的映射

资源单元上的映射是用符号 $z^{(p)}(i) = \langle y^{(p)}(4i), y^{(p)}(4i + 1), y^{(p)}(4i + 2), y^{(p)}(4i + 3) \rangle$ 的四元组来执行的，其中 i 对应于四元组索引，p 对应于天线端口。

四元组块 $z^{(p)}(0), \cdots, z^{(p)}(M_{\text{quad}} - 1)$，$M_{\text{quad}} = M_{\text{symb}}/4$ 先排列，然后进行循环移位，获得序列 $\overline{w}^{(p)}(0), \cdots, \overline{w}^{(p)}(M_{\text{quad}} - 1)$。

在未分配给物理控制格式指示符信道（PCFICH）和物理 HARQ 指示符信道（PHICH）的资源单元组上执行四元组 $\overline{w}^{(p)}(i)$ 的映射。

资源单元组由索引对（k', l'）表示。

索引 k' 对应于表示频域中的资源单元组的资源单元数。

索引 l' 对应于时域中的 OFDM 符号的数目。

四元组的映射从索引对（$k' = 0$, $l' = 0$）开始。

通过增加索引 l' 来执行映射，直到它等于分配给 PDCCH 物理信道的 OFDM 符号的数量。

如前所述，通过将索引 k' 增加一个单位并移位索引 l' 来持续映射。

当 $k' = N_{\text{RB}}^{\text{DL}} \cdot N_{\text{sc}}^{\text{RB}}$ 时映射停止：

1）$N_{\text{RB}}^{\text{DL}}$ 对应于无线信道的带宽，表示为资源块的数量；
2）$N_{\text{sc}}^{\text{RB}}$ 对应于频域中的资源块的大小，表示为子载波的数量。

图 7-8 示出了被分配的子帧的前 3 个 OFDM 符号的几个 PDCCH 物理信道相对应的四元组的位置：

1）PDCCH 物理信道#1 由 9 个资源单元组组成；

2）PDCCH 物理信道#2 由 9 个资源单元组组成；

3）PDCCH 物理信道#3 由 18 个资源单元组组成。

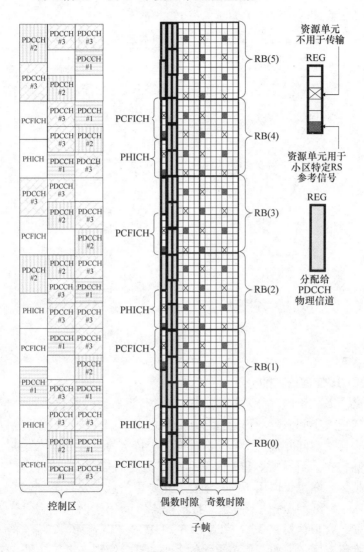

图 7-8　PDCCH 物理信道的映射

对于版本 10，作为分量载波（CC）的聚合的一部分，物理信道 PDCCH 可以在其中传送无线电信道的调度信息，或者在载波间调度的情况下为其他无线电信道分配资源。

载波间调度允许通过在不同无线电信道上向相邻小区分配资源来删除 PDCCH 物理信道上的小区间干扰。

因为主信道 PCell 系统地分配有 PDCCH 物理信道，所以载波间调度只能应用于辅信道 SCell。

载波间调度可以根据两种情况来建立（见图7-9）：

1）PDCCH 物理信道仅由主无线信道 PCell 携带；

2）PDCCH 物理信道由主无线信道 PCell 和辅无线信道 SCell 携带。

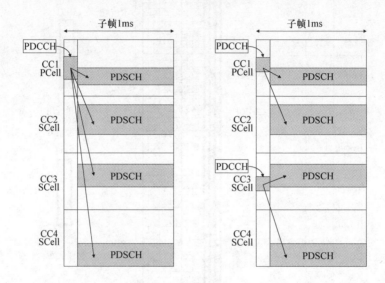

图7-9　载波间调度

7.4.11　PDCCH 物理信道的分配

移动台必须对一组候选 PDCCH 物理信道进行盲解码，候选信道由搜索空间定义。已经创建搜索空间来限制移动台必须分析的 PDCCH 物理信道的数量。所有移动台都有一个搜索空间并且每个移动台都有一个特定的搜索空间。公共搜索空间用于发送关于随机接入、寻呼、SIB 信息和功率控制的信息。如果特定搜索空间饱和，则公共搜索空间也可以用于向移动台发送专用信息。公共搜索空间包含根据格式 0、1A、1C、3 和 3A 的 DCI 信息。特定搜索空间用于向移动台发送专用信息。公共搜索空间包含根据格式 0、1、1A、1B、1D、2、2A、2B、2C、4 的 DCI 信息。两种类型的搜索空间都由控制信道单元的大小和聚合级别来定义（见表7-13）。公共搜索空间在第一个控制信道单元中启动。移动台对特定搜索空间的跟踪取决于移动台的 RNTI 值和时间帧内的时隙号。

表 7-13 搜索空间的属性

搜索空间类型	聚合级别	大小	候选数量
公共	1	6	6
	2	12	6
	4	8	2
	8	16	2
搜索空间类型	聚合级别	大小	候选数量
特定	4	16	4
	8	16	2

对于下行链路方向,根据 RNTI 的类型,表 7-14 ~ 表 7-17 提供了以下参数之间的关系:

1)DCI 格式;

2)搜索空间的类型;

3)传输模式。

表 7-14 PDCCH 物理信道 PDSCH 物理信道的解码通过 SI – RNTI、

P – RNTI、RA – RNTI 标识来配置

DCI	搜索空间	传输方案
1C	公共	天线端口 0 或发射分集
1A	公共	天线端口 0 或发射分集

表 7-15 PDCCH 物理信道 PDSCH 物理信道的解码通过 TC – RNTI 标识来配置

DCI	搜索空间	传输方案
1A	公共/特定	天线端口 0 或发射分集
1	公共/特定	天线端口 0 或发射分集

表 7-16 PDCCH 物理信道 PDSCH 物理信道的解码通过 C – RNTI 标识来配置

模式	DCI	搜索空间	传输方案
1	1A	公共/特定	天线端口 0
	1	特定	
2	1A	公共/特定	发射分集
	1	特定	
3	1A	公共/特定	发射分集
	2A	特定	开环 MIMO
4	1A	公共/特定	发射分集
	2	特定	闭环 MIMO

（续）

模式	DCI	搜索空间	传输方案
5	1A	公共/特定	发射分集
5	1D	特定	多用户 MIMO
6	1A	公共/特定	发射分集
6	1B	特定	闭环 MIMO 一层
7	1A	公共/特定	发射分集或天线端口 0
7	1	特定	波束成形，天线端口 5
8	1A	公共/特定	发射分集/天线端口 0
8	2B	特定	天线端口 7 和天线端口 8
9	1A	公共/特定	发射分集/天线端口 0
9	2C	特定	MIMO，天线端口 7~14（3）

表 7-17 PDCCH 物理信道 PDSCH 物理信道的解码由 SPS C–RNTI 标识来配置

模式	DCI	搜索空间	传输方案
1	1A	公共/特定	天线端口 0
1	1	特定	
2	1A	公共/特定	发射分集
2	1	特定	
3	1A	公共/特定	发射分集
3	2A	特定	
4	1A	公共/特定	发射分集
4	2	特定	
5	1A	公共/特定	发射分集
6	1A	公共/特定	发射分集
7	1A	公共/特定	天线端口 5
7	1	特定	
8	1A	公共/特定	天线端口 7
8	2B	特定	天线端口 7 和天线端口 8
9	1A	公共/特定	天线端口 7
9	2C	特定	天线端口 7 和天线端口 8

对于载波间调度的情况，eNB 实体定义在 RRC 消息"连接重置"中使用 PDCCH物理信道，在主信道 PCell 中以及可能在辅信道 SCell 中传输。

7.5 PDSCH 物理信道

物理下行链路共享信道（PDSCH）传输下行链路共享信道（DL-SCH）和寻呼信道（PCH）。

DL-SCH 传输信道包含对应于以下消息的业务数据（单播 IP 分组）和控制数据（RRC 消息）：

1) 系统信息块（SIB）；

2) 共同或专用控制的消息；

3) 非接入层（NAS）信令的传输消息。

DL-SCH 传输信道可以表现为一个或两个传输块。PCH 传输信道包含对应于寻呼消息的 RRC 控制数据。

图 7-10 总结了与 PDSCH 物理信道相关的处理。

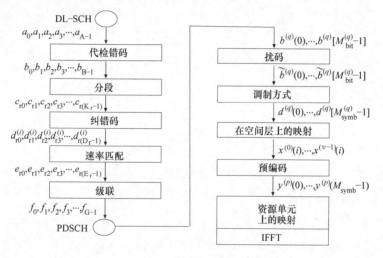

图 7-10　与 PDSCH 物理信道相关的处理

7.5.1　检错码

错误检测是通过循环冗余校验（CRC）码获得的。

CRC 结构是当传输块 a_0，a_1，a_2，a_3，$\cdots$，a_{A-1} 被生成多项式相除时的余数，余数 p_0，p_1，p_2，p_3，$\cdots$，p_{L-1} 构成循环冗余比特。

传输块 a_0，a_1，a_2，a_3，$\cdots$，a_{A-1} 和循环冗余 p_0，p_1，p_2，p_3，$\cdots$，p_{L-1} 的 24bit 的级联构成分段的输入结构 b_0，b_1，b_2，b_3，$\cdots$，b_{B-1}。

7.5.2　分段

由纠错码处理的块的最大尺寸等于 6144bit。

如果块 b_0，b_1，b_2，b_3，$\cdots$，b_{B-1} 大于该值，则必须对其进行分段，并且每个段必须具有其自己的 CRC 码，其长度等于 24bit 以构成序列 c_{r0}，c_{r1}，c_{r2}，c_{r3}，$\cdots$，

$c_{r(K_r-1)}$，其中 r 和 K_r 分别对应于段数和段比特数。

7.5.3 纠错码

当对序列 b_0，b_1，b_2，b_3，…，b_{B-1} 执行分段时，纠错机制被应用在每个段上。

Turbo 码处理纠错，其由具有双卷积的并行级联卷积码（Parallel Concatenated Convolutional Code，PDCCC）和交错的二次置换多项式（Quadratic Permutation Polynomial，QPP）组成（见图7-11）。

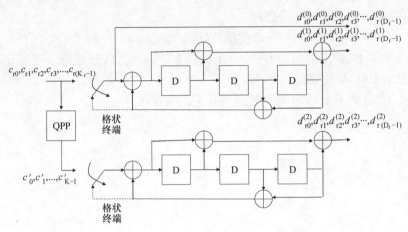

图 7-11　Turbo 码

纠错码产生三个序列 $d_{r0}^{(i)}$，$d_{r1}^{(i)}$，$d_{r2}^{(i)}$，$d_{r3}^{(i)}$，…，$d_{r(D_r-1)}^{(i)}$，$i = 0$，1 和 2，D_r 对应于序列 r 的比特数。

序列 $d_{r0}^{(0)}$，$d_{r1}^{(0)}$，$d_{r2}^{(0)}$，$d_{r3}^{(0)}$，…，$d_{r(D_r-1)}^{(0)}$ 等于序列 c_{r0}，c_{r1}，c_{r2}，c_{r3}，…，$c_{r(K_r-1)}$。

第一个编码器的输入是数据结构 c_{r0}，c_{r1}，c_{r2}，c_{r3}，…，$c_{r(K_r-1)}$。序列 $d_{r0}^{(1)}$，$d_{r1}^{(1)}$，$d_{r2}^{(1)}$，$d_{r3}^{(1)}$，…，$d_{r(D_r-1)}^{(1)}$ 在第一个编码器的输出端产生。

第二编码器的输入是 QPP 交错 c_0'，c_1'，…，c_{K-1}' 的输出。序列 $d_{r0}^{(2)}$，$d_{r1}^{(2)}$，$d_{r2}^{(2)}$，$d_{r3}^{(2)}$，…，$d_{r(D_r-1)}^{(2)}$ 在编码器的输出端产生。

7.5.4 速率匹配

从 Turbo 码发出的三个序列被交错，然后储存在一个循环储存器中。

传播条件决定了保留编码的方案。速率匹配确定具备所需编码速率的序列。

循环储存器的比特被选择或打孔以构成输出序列 e_{r0}，e_{r1}，e_{r2}，e_{r3}，…，$e_{r(E_r-1)}$，其中 E_r 对应于序列的比特数。

混合自动重传请求（HARQ）被集成到速率匹配过程中。

循环储存器的输出序列从冗余版本（RV）给出的起始位置发送。

不同的冗余版本允许重传所选数据。

对于软合并机制，重传包含相同的序列。通过增加信噪比可以改善纠错。

对于增量冗余机制，重传包含不同的序列。通过增加冗余比特的数量可以改善纠错。

7.5.5　级联

不同的序列 e_{r0}，e_{r1}，e_{r2}，e_{r3}，$\cdots$，$e_{r(E_r-1)}$（$r=0$，$\cdots$，C-1，其中 C 对应于分段的数目）级联构成序列 f_0，f_1，f_2，f_3，$\cdots$，f_{G-1}，其中 G 对应于序列的比特数。

7.5.6　扰码

比特序列 $b^{(q)}(0)$，$\cdots$，$b^{(q)}[M_{bit}^{(q)}-1]$ 由序列 $c^q(i)$ 加扰，$M_{bit}^{(q)}$ 指定码字 q 的比特数，码字对应于编码的传输块。

这产生比特序列 $\tilde{b}^{(q)}(0)$，$\cdots$，$\tilde{b}^{(q)}[M_{bit}^{(q)}-1]$，其中 $\tilde{b}^q(i) = [b^q(i) + c^q(i)]mod2$。

加扰序列通过使用 31bit 多项式的伪随机序列来建立。

加扰序列的初始值 c_{init} 用以下公式计算：

$$c_{init} = n_{RNTI} \cdot 2^{14} + q \cdot 2^{13} + \lfloor n_s/2 \rfloor \cdot 2^9 + N_{ID}^{cell}$$

式中，n_{RNTI} 是在连接期间分配给移动台的无线电网络临时标识符（RNTI）；q 是码字索引，$q \in \{0, 1\}$，使用单个码字时 $q=0$；n_s 是时间帧的时隙号；N_{ID}^{cell} 是物理层小区标识（PCI）。

7.5.7　调制

传播条件确定保留哪种调制方案：正交相移键控（QPSK）、16 正交幅度调制（16QAM）或 64QAM。

从调制中获得的符号序列 $d^{(q)}(0)$，$\cdots$，$d^{(q)}[M_{symb}^{(q)}-1]$ 是从比特序列 $\tilde{b}^{(q)}(0)$，$\cdots$，$\tilde{b}^{(q)}[M_{bit}^{(q)}-1]$ 中产生的。

7.5.8　空间层上的映射

将符号集 $d^{(q)}(0)$，$\cdots$，$d^{(q)}[M_{symb}^{(q)}-1]$ 映射到集 $x^{(0)}(i)$，$\cdots$，$x^{(v-1)}(i)$ 上，其中 $i = 0,1,\cdots,M_{symb}^{layer}-1$，其中 v 对应于空间层的数量，M_{symb}^{layer} 对应于每个空间层的符号数。

对于版本 8 和版本 9，当使用空间复用时，符号被映射到 1~4 个空间层（见图 7-12 和图 7-13）。

对于版本 10，当使用空间复用时，符号被映射到 1~8 个空间层（见图 7-14）。

当使用发射分集时，使用单个码字，符号被映射在 2 层或 4 层。

7.5.9　预编码

预编码被应用于符号集 $x^{(0)}(i)$，$\cdots$，$x^{(v-1)}(i)$ 以生成对应于天线端口 p 上的传

输的序列 $y^{(p)}(i)$。

当使用单层时，不执行预编码：

$y^{(p)}(i) = x^{(0)}(i)$，其中 $p \in \{0,4,5,6,8\}$ 对应于用于传输的天线端口号。

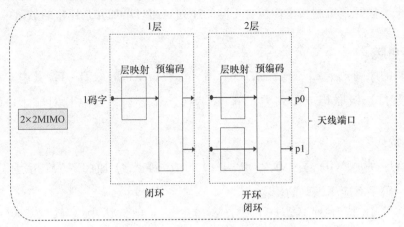

图 7-12　版本 8 和 9 的层映射：2×2 MIMO

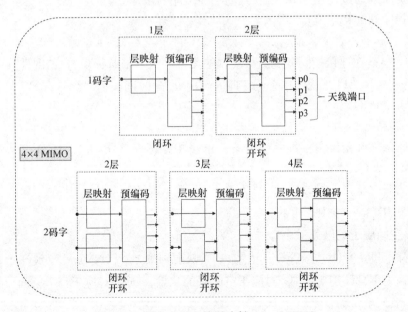

图 7-13　版本 8 和 9 的层映射：4×4 MIMO

7.5.9.1　空间复用

对于版本 8，使用小区特定参考信号（RS）的空间复用支持 2 个或 4 个天线端口，其中 $p \in \{0,1\}$ 或 $p \in \{0,1,2,3\}$（见图 7-12 和图 7-13）。

定义了预编码矩阵的两种配置模式，一种具有循环延迟分集（Cyclic Delay Diversity，CDD），另一种不具有 CDD。

对应于开环空间复用的具有 CDD 的方法包括为每个天线端口引入不同的延迟。

对应于闭环复用的无 CDD 的方法，移动台向 eNB 实体返回与由一组预编码值构成的词典中的条目对应的预编码矩阵指示符（PMI）。

对于版本 10，使用 UE 特定 RS 物理信号的空间复用支持多达 8 个天线端口 $p=7，8，\cdots，v+6$（见图 7-14）。

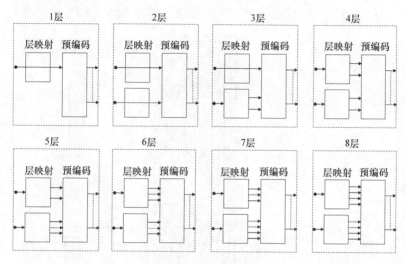

图 7-14　版本 10 的层映射

7.5.9.2　发射分集

当使用 2 个天线端口（p0 和 p1）时，PDSCH 物理信道通过空间频率块编码（SFBC）发送，SFBC 是发射分集的一种形式。

符号使用以下预编码来传输：

1）天线端口（0）　　$y^{(0)}(2i)=x^{(0)}(i)$　　　　$y^{(0)}(2i+1)=x^{(1)}(i)$

2）天线端口（1）　　$y^{(1)}(2i)=-\left[x^{(1)}(i)\right]^{*}$　$y^{(1)}(2i+1)=\left[x^{(0)}(i)\right]^{*}$

当使用 4 个天线端口（p0 ~ p3）时，通过 SFBC/FSTD（频移发射分集）发送 PDSCH 物理信道。

符号使用以下预编码来传输：

1）天线端口（0）　　$y^{(0)}(4i)=x^{(0)}(i)$　　　　　$y^{(0)}(4i+1)=x^{(1)}(i)$

2）天线端口（1）　　$y^{(1)}(4i+2)=x^{(2)}(i)$　　　$y^{(0)}(4i+3)=x^{(3)}(i)$

3）天线端口（2）　　$y^{(2)}(4i)=-\left[x^{(1)}(i)\right]^{*}$　　$y^{(2)}(4i+1)=\left[x^{(0)}(i)\right]^{*}$

4）天线端口（3）　　$y^{(3)}(4i+2)=-\left[x^{(3)}(i)\right]^{*}$　$y^{(3)}(4i+3)=\left[x^{(2)}(i)\right]^{*}$

7.5.10　资源单元上的映射

符号 $y^{(p)}(0)，\cdots，y^{(p)}(M_{symb}-1)$ 的序列被映射到由索引对 $(k，l)$ 定位的资源单元上：

1）索引 k 对应于频域中的资源单元号；

2）索引 l 对应于时域中的 OFDM 符号。

资源单元上的映射首先为索引 l 的较低值增加索引 k 来执行。

资源单元上的映射通过将索引 l 增加一个单位，并继续上一个操作来持续。

该映射不得使用分配给物理信号的资源单元和分配给控制的物理信道。

图 7-15 显示了在不包含主同步信号（PSS），辅同步信号（SSS）和物理广播信道（PBCH）的帧中，分配给 PDSCH 物理信道的资源块（RB）上的映射示例。

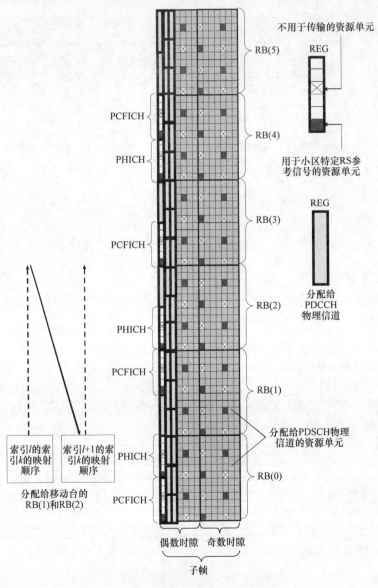

图 7-15　PDSCH 物理信道的映射

7.5.11　资源分配

7.5.11.1　0型资源分配

通过格式1、2、2A、2B和2C中的下行链路控制信息（DCI），在物理下行链路控制信道（PDCCH）中用信号发送0型资源分配。

0型资源分配包括指定分配给移动台的资源块组（RBG）的比特映射。

资源块组的大小（P）取决于无线电信道的带宽。

资源块组的数量（N_{RBG}）等于 $\lceil N_{RB}^{DL}/P \rceil$ 并对应于比特映射的大小（见表7-18）。

N_{RB}^{DL} 对应于无线电信道的带宽，表示为资源块的数量。

表7-18　0型资源分配的特点

无线信道	1.4MHz	3MHz	5MHz	10MHz	15MHz	20MHz
N_{RB}^{DL}	6	15	25	50	75	100
P	1	2	2	3	4	4
N_{RBG}	6	8	13	17	19	25

图7-16描述了3MHz带宽的无线电信道的分配资源原理。

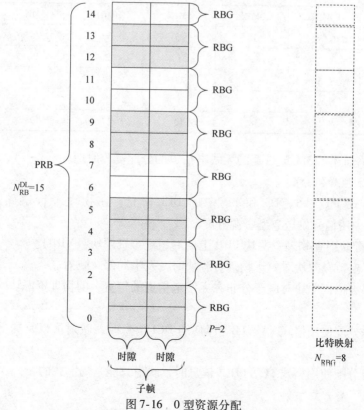

图7-16　0型资源分配

7.5.11.2 1型资源分配

通过格式1、2、2A、2B和2C中的DCI信息，在物理下行链路控制信道（PD-CCH）中用信号发送1型资源分配。

带宽为1.4MHz的无线信道不能应用1型资源分配。

子集包含由指定资源块组大小的（P）分隔的资源块组，因此子集的数量等于（P）。

编码资源块组子集的比特数等于$\lceil \log_2(P) \rceil$（见表7-19）。

比特映射用于寻址子集中的资源块组。比特映射N_{RB}^{TYPE1}的大小通过以下公式获得：

$$N_{RB}^{TYPE1} = \lceil N_{RB}^{DL}/P \rceil - \lceil \log_2(P) \rceil - 1$$

N_{RB}^{TYPE1}的大小不允许寻址子集中的所有资源块组。

一个移位标志编码成一个比特，允许覆盖所有的资源块组：

1）比特设置为0：最低有效位对应于最低频率的资源块；

2）比特设置为1：最高有效位对应于频率最高的资源块。

表7-19 1型资源分配的特点

无线信道	1.4MHz	3MHz	5MHz	10MHz	15MHz	20MHz
N_{RB}^{DL}	N. A.	15	25	50	75	100
$\lceil \log_2(P) \rceil$	N. A.	1	1	2	2	2
N_{RB}^{TYPE1}	N. A.	6	11	14	16	22
标志	N. A.	1	1	1	1	1
比特数	N. A.	8	13	17	19	25

图7-17描述了3MHz带宽的无线电信道的分配资源原理。

7.5.11.3 2型资源分配

通过格式1A、1B、1C和1D中的DCI信息，在物理下行链路控制信道（PDCCH）中用信号发送2型资源分配。

2型分配映射在物理资源块PRB上的一组虚拟资源块（VRB）。

当相邻虚拟资源块对应于物理资源块时，发生局部式映射。

当相邻虚拟资源块对应于分布在无线电信道的带宽上的物理资源块时，发生分布式映射。

当资源分配使用格式1A、1B和1D的DCI信息时，映射可以是局部式或分布式的。

当资源分配使用格式1C的DCI信息时，映射只能是局部式的。

7.5.11.3.1 局部式映射

资源分配的范围可以从1到完整的一组物理资源块。

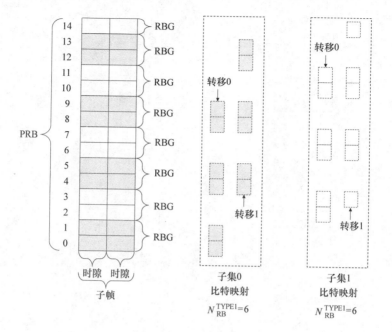

图 7-17 1 型资源分配

资源分配使用与起始资源块 RB_{start} 和相邻虚拟资源块的数量 L_{CRB} 相应的资源指示值（Resource Indication Value，RIV）参数。

当 $(L_{CRB} - 1) \leqslant \lfloor N_{RB}^{DL}/2 \rfloor$ 时，$RIV = N_{RB}^{DL}(L_{CRB} - 1) + RB_{start}$

在相反的情况下，$RIV = N_{RB}^{DL}(N_{RB}^{DL} - L_{CRB} + 1) + (N_{RB}^{DL} - 1 - RB_{start})$

式中，N_{RB}^{DL} 对应于无线电信道的带宽，表示为资源块的数量；RB_{start} 的值从 $0 \sim N_{RB}^{DL} - 1$。

图 7-18 显示了在 3MHz 带宽的无线电信道中，RIV 参数值等于 50（情况#1）和 100（情况#2）的资源块分配。

$N_{RB}^{DL} = 15$

情况#1

$L_{CRB} = \lfloor RIV/N_{RB}^{DL} \rfloor + 1 = 4$，$(L_{CRB} - 1) \leqslant \lfloor N_{RB}^{DL}/2 \rfloor$ 被证实

$RB_{start} = RIV - N_{RB}^{DL}(L_{CRB} - 1) = 5$

情况#2

$L_{CRB} = N_{RB}^{DL} - \lfloor RIV/N_{RB}^{DL} \rfloor + 1 = 10$，$(L_{CRB} - 1) > \lfloor N_{RB}^{DL}/2 \rfloor$ 被证实

$RB_{start} = N_{RB}^{DL}(N_{RB}^{DL} - L_{CRB} + 2) - RIV - 1 = 4$

7.5.11.3.2 分布式映射

分布式映射允许在无线电信道的带宽上传播资源块，在子帧的两个时隙之间具有一个移位 N_{gap}，其中 N_{gap} 可以取两个值，$N_{gap,1}$ 或 $N_{gap,2}$，每个值对应于特定的分

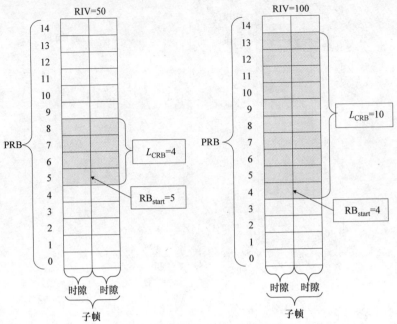

图 7-18　2 型资源分配：局部式映射

布（见表 7-20）。

表 7-20　移位 $N_{gap,1}$ 和 $N_{gap,2}$ 的值

无线信道	1.4MHz	3MHz	5MHz	10MHz	15MHz	20MHz
$N_{gap,1}$	3	8	12	27	32	48
$N_{gap,2}$	N. A.	N. A.	N. A.	9	16	16

注：N. A. 表示不可用。

　　虚拟资源块分配的变化范围由 DCI 信息的格式、RNTI 的类型（P、RA、SI、C、TC、SPS）和移位 N_{gap}（见表 7-21）确定。

表 7-21　分配的 VRB 的变化范围

移位	无线信道	1.4MHz	3MHz	5MHz	10MHz	15MHz	20MHz
$N_{gap,1}$	DCI 1A（P、RA、SI）	1~6	1~14	1~24	1~46	1~64	1~96
	DCI 1A（C、TC、SPS）、1B、1D	1~6	1~14	1~24	1~16	1~16	1~16
	DCI 1C	2~6	2~14	2~24	4~44	4~64	4~96
$N_{gap,2}$	DCI 1A（P、RA、SI）	N. A.	N. A.	N. A.	1~36	1~64	1~96
	DCI 1A（C、TC、SPS）、1B、1D	N. A.	N. A.	N. A.	1~16	1~16	1~16
	DCI 1C	N. A.	N. A.	N. A.	4~36	4~64	4~96

　　对于格式为 1C 的 DCI 信息，虚拟资源块和参数 RB_{start} 的数目具有特定值：

1）1.4MHz、3MHz 或 5MHz 带宽的无线电信道的值是 2 的倍数；

2）10MHz、15MHz 或 20MHz 带宽的无线电信道的值是 4 的倍数。

如果应用移位 $N_{gap,1}$，则虚拟资源块与物理资源块之间的映射使用系统地具有 4 列的交错表。

交错表按虚拟资源组的数量逐行写入，并逐列读取以用于物理资源块的分配。

1）虚拟资源块位于第 2 和第 4 列的末尾；

2）从第 1 列和第 2 列发出的物理资源块与无线电信道的底部对齐；

3）从第 3 列和第 4 列发出的物理资源块与无线电信道的顶部对齐；

4）未使用的物理资源块可用于局部式映射。

图 7-19 描述了在以下条件下，3MHz 带宽的无线电信道中的物理资源块的分配： $RIV = 50$， $L_{CRB} = 4$， $RB_{start} = 5$， $N_{gap,1} = 8$。

分配的虚拟资源块的最大值：14。

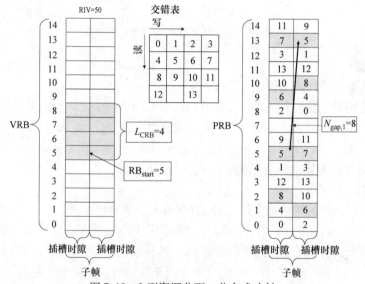

图 7-19 2 型资源分配：分布式映射

如果应用移位 $N_{gap,2}$，则虚拟资源块与物理资源块之间的映射使用 2 个交错表；2 个表系统有 4 列。

每个交错表按虚拟资源块的数量逐列写入，并逐列读取用于资源块的分配：

1）空闲虚拟资源块放置在每个表的第 2 列和第 4 列的末尾；

2）从每个表发出的物理资源块与无线电信道的底部对齐；

3）未使用的物理资源块位于无线电信道的顶部。

7.6 PMCH 物理信道

物理多播信道（PMCH）传输多播信道（MCH）。

MCH 传输信道包含与多媒体广播多播业务（MBMS）相关的业务数据，以及与 MBMS 单频网络（MBSFN）区域的配置和计数请求有关的 RRC 控制数据。

图 7-20 总结了与 PMCH 物理信道相关的处理。

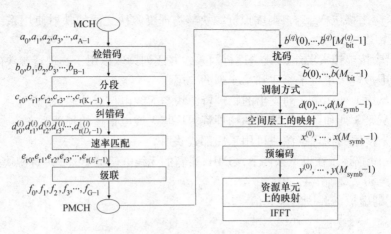

图7-20　与PMCH物理信道相关的处理

7.6.1　检错码

错误检测从循环冗余校验（CRC）码获得。

CRC结构是当传输块 a_0，a_1，a_2，a_3，$\cdots$，a_{A-1} 被一个生成多项式相除时的余数，其余数 p_0，p_1，p_2，p_3，$\cdots$，p_{L-1} 构成循环冗余比特。

传输块 a_0，a_1，a_2，a_3，$\cdots$，a_{A-1} 和循环冗余 p_0，p_1，p_2，p_3，$\cdots$，p_{L-1} 的24bit的级联构成分段的输入结构 b_0，b_1，b_2，b_3，$\cdots$，b_{B-1}。

7.6.2　分段

由纠错码处理的块的最大尺寸等于6144bit。

如果块 b_0，b_1，b_2，b_3，$\cdots$，b_{B-1} 的大小大于该值，则必须对其进行分段，并且每个段必须具有其自己的CRC检错码，其长度等于24bit以构成序列 c_{r0}，c_{r1}，c_{r2}，c_{r3}，$\cdots$，$c_{r(K_r-1)}$，其中 r 和 K_r 分别对应于段的数量和段的比特数。

7.6.3　纠错码

当对序列 b_0，b_1，b_2，b_3，$\cdots$，b_{B-1} 执行分段时，纠错机制应用于每个分段。

纠错过程由一个由并行级联卷积码（PDCCC）和二次置换多项式（QPP）交错（图7-11）组成的turbo码来执行。

纠错码产生三个序列 $d_{r0}^{(i)}$，$d_{r1}^{(i)}$，$d_{r2}^{(i)}$，$d_{r3}^{(i)}$，$\cdots$，$d_{r(D_r-1)}^{(i)}$，其中 $i=0$，1和2，其中 D_r 对应于序列的比特数。

序列 $d_{r0}^{(0)}$，$d_{r1}^{(0)}$，$d_{r2}^{(0)}$，$d_{r3}^{(0)}$，$\cdots$，$d_{r(D_r-1)}^{(0)}$ 等于序列 c_{r0}，c_{r1}，c_{r2}，c_{r3}，$\cdots$，$c_{r(K_r-1)}$。

第一编码器的输入是数据结构 c_{r0}，c_{r1}，c_{r2}，c_{r3}，$\cdots$，$c_{r(K_r-1)}$。序列 $d_{r0}^{(1)}$，$d_{r1}^{(1)}$，$d_{r2}^{(1)}$，$d_{r3}^{(1)}$，$\cdots$，$d_{r(D_r-1)}^{(1)}$ 在第一个编码器的输出端产生。

第二编码器的输入是QPP交错 c_0'，c_1'，$\cdots$，c_{K-1}' 的输出。序列 $d_{r0}^{(2)}$，$d_{r1}^{(2)}$，$d_{r2}^{(2)}$，$d_{r3}^{(2)}$，$\cdots d_{r(D_r-1)}^{(2)}$ 在第二个编码器的输出端产生。

7.6.4 速率匹配

从 Turbo 码发出的三个序列被交错，然后储存在循环储存器中。

循环储存器的比特被选择或打孔以构成输出序列 e_{r0}，e_{r1}，e_{r2}，e_{r3}，…，$e_{r(E_r-1)}$，其中 E_r 对应于序列的比特数。

7.6.5 级联

所有不同的序列 e_{r0}，e_{r1}，e_{r2}，e_{r3}，…，$e_{r(E_r-1)}$，其中 r = 0，…，C－1（其中 C 对应于分段的数量）的级联构成序列 f_0，f_1，f_2，f_3，…，f_{G-1}，其中 G 对应于序列的比特数。

7.6.6 加扰

比特序列 $b(0)$，…，$b(M_{bit}-1)$ 由序列 $c(i)$ 加扰，M_{bit} 指示比特数。

这产生比特序列 $\tilde{b}(0)$，…，$\tilde{b}(M_{bit}-1)$，其 $\tilde{b}(i)=[b(i)+c(i)]\bmod 2$。

加扰序列是用一个使用 31bit 多项式的伪随机序列获得的。

加扰序列的初始值 c_{init} 用以下公式计算：

$$c_{init}=n_{RNTI}\cdot 2^{14}+\lfloor n_s/2\rfloor\cdot 2^9+N_{ID}^{cell}$$

式中，n_{RNTI} 对应于在连接期间分配给移动台的无线电网络临时标识符（RNTI）；n_s 对应于时间帧的时隙号；N_{ID}^{cell} 对应于物理层小区标识（PCI）。

7.6.7 调制

从正交相移键控（QPSK）调制，16 正交幅度调制（16QAM）或 64QAM 调制发出的符号序列 $d(0)$，…，$d(M_{symb}-1)$ 通过比特序列 $b(0)$，…，$b(M_{bit}-1)$ 获得。

7.6.8 空间层上的映射

PMCH 物理信号使用单个空间层。符号集 $d(0)$，…，$d(M_{symb}-1)$ 映射到集 $x(0)$，…，$x(M_{symb}-1)$ 中。

7.6.9 预编码

当使用单个空间层时，不执行预编码。符号集 $x(0)$，…，$x(M_{symb}-1)$ 被映射到集 $y(0)$，…，$y(M_{symb}-1)$ 中。

7.6.10 资源单元上的映射

PMCH 物理信号在子帧的持续时间内占用频域中的所有资源块（RB）。

PMCH 物理信号使用扩展循环前缀和子载波之间的 15 kHz 或 7.5 kHz 步长。

分配给物理控制格式指示符信道（PCFICH），物理 HARQ 指示符信道（PHICH）和物理下行链路控制信道（PDCCH）的控制区域被限制到两个正交频分复用（OFDM）符号。

PDCCH 物理信道仅用于通过物理上行链路控制信道（PUSCH）向上行链路方向的移动台提供资源。

控制区域使用小区中定义的用于非 MBSFN 子帧的循环前缀。

第8章

上行链路物理信号

与物理上行链路共享信道（PUSCH）相关的解调参考信号（DM–RS）用于 PUSCH 物理信道的评估和同步。

与物理上行链路控制信道（PUCCH）相关的 DM–RS 物理信号用于 PUCCH 物理信号的评估和同步。

8.1.1 与 PUSCH 物理信道相关的 DM–RS 物理信号

8.1.1.1 序列的生成

对于版本 8 和 9，PUSCH 物理信道的传输使用单个天线端口。

DM–RS 物理信号对应于以下公式：

$$r_{\mathrm{PUSCH}} = r_{\mathrm{u,v}}^{(\alpha)}(n) = e^{\mathrm{jan}}\bar{r}_{\mathrm{u,v}}(n)$$

式中，α 是应用于基序列 $r_{\mathrm{u,v}}(n)$ 的循环移位，可以取 12 个循环移位的值；u 是基序列的组号，可以取 30 个值，从 0~29，v 是组内的基序列的索引，可以取两个值，0 或 1，如果 DM–RS 物理信号的大小大于或等于在频域的 6 个资源块（RB），否则它取一个单值，0；n 的值介于 0 和 $M_{\mathrm{sc}}^{\mathrm{RS}}-1$ 之间，$M_{\mathrm{sc}}^{\mathrm{RS}} = m N_{\mathrm{sc}}^{\mathrm{RB}}$ 是参考信号的长度；m 是分配给移动台的资源块的数量；$N_{\mathrm{sc}}^{\mathrm{RB}}$ 是在频域内的每个资源块的子载波数量。

如果 DM–RS 物理信号大于或等于 $3N_{\mathrm{sc}}^{\mathrm{RS}}$，则基序列生成于长度为 $N_{\mathrm{ZC}}^{\mathrm{RS}}$ 的 Zadoff–Chu 序列，此时 $N_{\mathrm{ZC}}^{\mathrm{RS}}$ 是小于 $M_{\mathrm{sc}}^{\mathrm{RS}}$ 的最大的质数。

如果 DM–RS 物理信号小于 $3N_{\mathrm{sc}}^{\mathrm{RS}}$，则基序列生成的公式如下：

$$\bar{r}_{\mathrm{u,v}}(n) = e^{\mathrm{j}\phi(n)\pi/4}, \ 0 \leqslant n \leqslant M_{\mathrm{sc}}^{\mathrm{RS}} - 1$$

式中，$\phi(n)$ 的值取决于基序列 u 的组号。

基序列的组号由以下公式确定：

$$u = [f_{\mathrm{gh}}(n_{\mathrm{s}}) + f_{\mathrm{ss}}] \bmod 30$$

1) 如果组跳变被激活，则 $f_{\mathrm{gh}}(n_{\mathrm{s}})$ 是一个从 0~29 之间的随机数，否则，它将取值等于 0；

2) $f_{\mathrm{gh}}(n_{\mathrm{s}})$ 取决于时隙 n_{s} 和物理层小区标识（PCI）$N_{\mathrm{ID}}^{\mathrm{cell}}$ 的值；

3）$f_{ss} = \left(N_{ID}^{cell} + \Delta_{ss} \right) \bmod 30$，$\Delta_{ss} \in \{ 0, 1, \cdots, 29 \}$ 值显示的是系统信息块 2（SIB2）消息。

如果在 SIB2 系统信息消息中，组跳变去激活并且序列跳变激活，则基序列的索引 v 取值等于 1。

基序列的索引 $v = 1$ 决定从伪随机序列获得的序列的使用，该伪随机序列的初始值取决于参数 N_{ID}^{cell} 和 f_{ss} 的值。

版本 10 中，PUSCH 物理信道的传输可以使用 4 个天线端口。

使用正交覆盖代码（OCC）有助于多用户多输入多输出（MIMO）传输模式的多个移动台的空间复用。

DM‐RS 物理信号由以下公式产生：

$$r_{PUSCH} = w^{(\lambda)}(m) r_{u,v}^{(\alpha_{\lambda})}(n)$$

式中，λ 是天线端口号；$\omega^{(\lambda)}$ 是 OCC 正交序列的值；m 取第 1 时隙的 0 值或第 2 时隙的 1 值；α_{λ} 对应应用于基序列的循环移位，取决于天线端口号 λ。

8.1.1.2 资源单元上的映射

在正常循环前缀的情况下，DM‐RS 物理信号映射在第四正交频分复用（OFDM）符号上，或在扩展循环前缀的情况下，映射在第 3 个 OFDM 符号上（见图 8-1）。

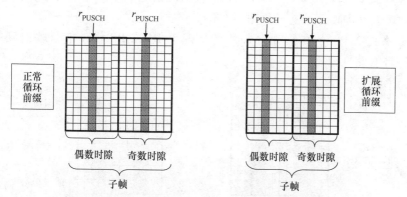

图 8-1 与 PUSCH 物理信道相关的 DM‐RS 物理信号的映射

8.1.2 与 PUCCH 物理信道相关的 DM‐RS 物理信号

8.1.2.1 序列的生成

在版本 8 和 9 中，DM‐RS 物理信号对应于以下公式：

$$r_{PUCCH} = \overline{w}(m) z(m) r_{u,v}^{(\alpha)}(n)$$

式中，$\overline{w}(m)$ 正交序列只适用于 PUCCH 物理信道的格式 1、1 a 和 1 b，允许通过几个移动台的代码进行多路复用；$z(m)$ 的默认值等于 1，对于格式 2 a 和 2 b 的第 2 个 OFDM 符号，$z(m)$ 等于 PUCCH 物理信道的第 11 个符号；(m) 参考配给 DM‐RS 物理信号的 OFDM 符号，例如 (m) 在格式 1、1 a 和 1 b 上从 0 ~ 2 变化；n 的值介于 0 ~ 11 之间，每个值对应于分配给 PUCCH 物理信道的资源块的子载波，参数计算 $f_{ss} = (N_{ID}^{cell}) \bmod 30$ 在移位 Δ_{ss} 为零的情况下进行。

v 只取 0 值。

基序列的生成公式：$\bar{r}_{u,v}(n) = e^{j\phi(n)\pi/4}$。

$\phi(n)$ 的值取决于基序列 u 的组号。

版本 10 生成的 DM – RS 物理信号的形式为

$$\frac{1}{\sqrt{P}} \overline{w}^{(\tilde{p})}(m) z(m) r_{u,v}^{(\alpha_{\tilde{p}})}(n)$$

式中，P 是天线端口的数量，引入因子 $\frac{1}{\sqrt{P}}$ 来保持 DM – RS 物理信号的功率不变，而不依赖于天线端口的数量；$\tilde{p}$ 是天线端口号的索引；正交序列 $\overline{w}^{(\tilde{p})}$ 的值和序列 $r_{u,v}^{(\alpha_{\tilde{p}})}(n)$ 的循环移位 $\alpha_{\tilde{p}}$ 的值取决于天线端口索引 $\tilde{p}$ 的数量。

8.1.2.2 资源单元上的映射

对于格式 1、1a 和 1b，正常循环前缀情况下 DM – RS 物理信号映射在第 3 个，第 4 个和第 5 个 OFDM 符号上或扩展循环前缀的情况下映射在第 3 个和第 4 个 OFDM 符号上（见图 8-2）。

对于格式 2、2a、2b 和 3，正常循环前缀的情况下 DM – RS 物理信号映射到第 2 个和第 6 个 OFDM 符号上（见图 8-2）。

对于格式 2 和 3，扩展循环前缀的情况下 DM – RS 物理信号映射到第 4 个 OFDM 符号上（见图 8-2）。

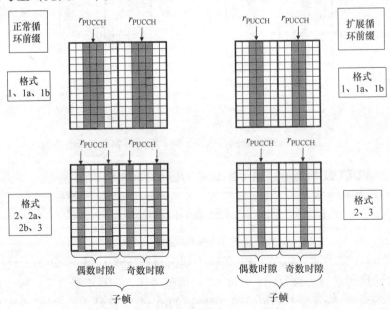

图 8-2　与 PUSCH 物理信道相关的 DM – RS 物理信号的映射

8.2 SRS 物理信号

探测参考信号（SRS）允许 eNB 实体在大于分配给移动台的频带上测量上行链路方向上的信号质量。

该测量不能通过解调参考信号（DM – RS）得到，因为后者是与物理上行链路共享信道（PUSCH）或物理上行链路控制信道（PUCCH）相关联的。

该测量由 eNB 实体执行，允许其为上行链路方向定义分配到移动台的资源的频率定位，以及调制和编码方案（MCS）。

时分双工（TDD）方式，信道互易性的应用有助于上行链路方向的测量的使用，下行链路方向也一样。

8.2.1 序列的生成

在版本 8 和 9 中，SRS 物理信号从以下的公式生成：

$$\bar{r}_{SRS}(n) = r_{u,v}^{(\alpha)}(n) = e^{j\alpha n} \bar{r}_{u,v}(n)$$

式中，α 是应用于基序列 $\bar{r}_{u,v}(n)$ 的循环移位，可以取循环移位的 8 个值；u 是基序列的组号，可以取 30 个值，从 $0 \sim 29$；v 是组内基序列的索引，可以取两个值，0 或 1，如果 DM – RS 物理信号的大小是大于或等于在频域的 6 个资源块（RB），否则 v 取一个单值，0；n 的值介于 0 和 $M_{sc}^{RS} - 1$ 之间，其 M_{sc}^{RS} 是参考信号的长度，$M_{sc}^{RS} = m N_{sc}^{RB}$，$N_{sc}^{RB}$ 对应于在频域的每个资源块的子载波数量。

如果 DM – RS 物理信号大小大于或等于 $3N_{sc}^{RB}$，则基序列生成于长度为 N_{ZC}^{RS} 的 Zadoff – Chu 序列，此时 N_{ZC}^{RS} 是小于 M_{sc}^{RS} 最大的质数。

如果 SRS 物理信号小于 $3N_{sc}^{RB}$，则基序列生成的公式为

$$\bar{r}_{u,v}(n) = e^{j\phi(n)\pi/4}, 0 \leq n \leq M_{sc}^{RS} - 1$$

式中，$\phi(n)$ 的价值取决于基序列 u 的组号。

基序列的组号确定的公式为

$$u = \left[f_{gh}(n_s) + f_{ss} \right] \mathrm{mod} 30$$

式中，如果组跳变被激活，则 $f_{gh}(n_s)$ 是一个从 0 到 29 之间的随机数，否则，它取值等于 0；$f_{gh}(n_s)$ 取决于时隙 n_s 的值和物理层小区标识（PCI）值 N_{ID}^{cell} 的值；$f_{ss} = (N_{ID}^{cell}) \mathrm{mod} 30$。

在 SIB2 系统信息消息中，如果组跳变去激活并序列跳变激活，则基序列的索引 v 取值等于 1。

基序列的索引 $v = 1$ 决定从伪随机序列获得的序列的使用，该伪随机序列的初始值取决于参数 N_{ID}^{cell} 和 f_{ss} 的值。

版本 10 生成的 SRS 物理信号是 $r_{SRS}^{(\widetilde{p})}(n) = r_{u,v}^{(\alpha_{\widetilde{p}})}(n)$ 形式，$\widetilde{p}$ 是天线端口号的索引。

8.2.2 资源单元上的映射

SRS 物理信号在子帧的最后一个正交频分复用（OFDM）中传输。

循环移位有助于来自资源块的资源单元（RE）中的若干移动台的 SRS 物理信号的复用。SRS 信号频率的定位形成一个梳状结构，移动台使用两个子载波中的一个。

减少用于 SRS 信号的带宽有助于多个移动台的频分复用。带宽是频域中 4 个资源块的倍数。分配给 SRS 物理信号的资源块的数量由系统信息块 2（SIB2）消息指示。移动台所使用的资源块的数量和这些块的频率定位由无线资源控制（RRC）消息指示。

用于 SRS 物理信号的带宽的定位可以在时间上变化，这有利于通过若干传输覆盖无线信道。在分配的资源中，SRS 物理信号不传输到 PUCCH 物理信道，该 PUCCH 物理信道不需要质量信号的调整机制。

图 8-3 描述了 3MHz 带宽的无线信道的 SRS 物理信号的映射。

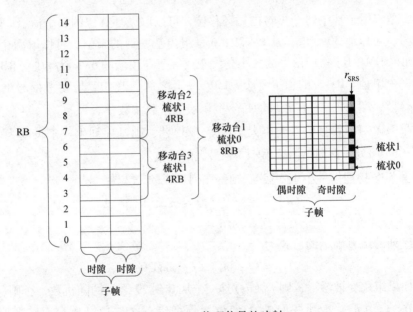

图 8-3　SRS 物理信号的映射

分配给 SRS 物理信号的资源块数量：8。

1）移动台 1 配置：8 RB（3~10），梳状 0；

2）移动台 2 配置：4 RB（7~10），梳状 1；

3）移动台 3 配置：4 RB（3~6），梳状 1；

8.2.3 子帧的配置

用于 SRS 物理信号的传输的子帧的配置由 SIB2 系统信息定义并取决于时间帧的类型（见表 8-1 和表 8-2）。

表 8-1　SRS 物理信号中的子帧分配：1 型时间帧

				子帧号					
0	1	2	3	4	5	6	7	8	9

表 8-2　SRS 物理信号中的子帧分配：2 型时间帧

				子帧号					
0	1	2	3	4	5	6	7	8	9

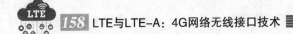

TDD 模式，SRS 物理信号仅在分配给上行链路方向的子帧中传输。

2 型时间框架的子帧 0 和 5 总是分配给下行链路方向。

子帧 1 始终是在上行链路导频时隙（UpPTS）字段中传输 SRS 物理信号的特殊帧。

根据 2 型时间帧的配置，子帧 6 也可以包含 UpPTS 字段。

8.2.4　SRS 物理信号的传输

SRS 物理信号传输的周期 T_{SRS} 可以取若干个值（2ms、5ms、10ms、20ms、40ms、80ms、160ms 或 320ms），这有利于来自属于相同小区的若干移动台的 SRS 物理信号的时分复用。

除了 1 型和 2 型时间帧的 2ms 周期外，SRS 物理信号传输在以下条件下是有效的：

$$(10n_f + k_{SRS} - T_{offset}) \bmod T_{SRS} = 0$$

式中，n_f 是子帧的数目；k_{SRS} 的取值取决于子帧的数目和 UpPTS 字段的长度；T_{offset} 是由 RRC 消息发送的索引 I_{SRS} 的函数（见表 8-3 和表 8-4）。

假使 2 型时间帧的周期等于 2ms，SRS 的物理信号传输在以下条件是有效的：

$$(k_{SRS} - T_{offset}) \bmod 5 = 0$$

表 8-3　SRS 物理信号的传输参数：1 型时间帧

索引 I_{SRS}	周期 T_{SRS}	偏置 T_{offset}
0 ~ 1	2	I_{SRS}
2 ~ 6	5	$I_{SRS} - 2$
7 ~ 16	10	$I_{SRS} - 7$
17 ~ 36	20	$I_{SRS} - 17$
37 ~ 76	40	$I_{SRS} - 37$
77 ~ 156	80	$I_{SRS} - 77$
157 ~ 316	160	$I_{SRS} - 157$
317 ~ 636	320	$I_{SRS} - 317$

表 8-4　SRS 物理信号的传输参数：2 型时间帧

索引 I_{SRS}	周期 T_{SRS}	偏置 T_{offset}
0	2	0.1
1	2	0.2
2	2	1.2
3	2	0.3
4	2	1.3
5	2	0.4

（续）

索引 I_{SRS}	周期 T_{SRS}	偏置 T_{offset}
6	2	1.4
7	2	2.3
8	2	2.4
9	2	3.4
10 ~ 14	5	$I_{SRS} - 10$
15 ~ 24	10	$I_{SRS} - 15$
25 ~ 44	20	$I_{SRS} - 25$
45 ~ 84	40	$I_{SRS} - 45$
85 ~ 164	80	$I_{SRS} - 85$
165 ~ 324	160	$I_{SRS} - 165$
325 ~ 644	320	$I_{SRS} - 325$

当在单帧上进行传输时，SRS 信号可以单独传输，或当在不确定的时段间期发生传输直到 eNB 实体中断它时，SRS 信号可以周期性传输。

如果传输天线的选择被激活，则 SRS 物理信号在每个天线上交替传输，eNB 实体可以选择 PUSCH 物理信道的传输天线。

版本 10 中定义 SRS 物理信号传输的两种触发类型；

1）0 型触发采用之前版本 8 定义的特征；

2）1 型触发由下行链路控制信息（DCI）初始化。

对于两种类型的时间帧，格式 0、4 和 1A 的 DCI 信息触发 SRS 物理信号传输。

对于 2 型时间帧，格式 2 b 和 2 c 的 DCI 信息触发 SRS 物理信号传输。

对于 1 型时间帧，索引 I_{SRS} 限于 0 ~ 16 之间的组，对于 2 型时间帧，索引 I_{SRS} 限于 0 ~ 24 之间的组。

版本 10 支持在多个天线端口上 SRS 物理信号的传输，在这种情况下，不同的 SRS 物理信号占用相同的资源块，并且可以通过梳状和循环移位的组合来区分。

版本 10 还支持在若干聚合无线信道上 SRS 物理信号的传输。

8.2.5　功率控制

SRS 物理信号没有专用的功率控制并且和 PUSCH 物理信道共享。

在一个 OFDM 符号上传输的 SRS 物理信号的平均功率 P_{SRS}（以 dBm 表示）由以下公式提供：

$$P_{SRS}(i) = \min\{P_{CMAX}(i), 10\log_{10}(M_{SRS}) + P_{O\_PUSCH}(j) + \alpha(j) \cdot PL + f(i)\}$$

式中，$P_{CMAX}(i)$ 是对 i 子帧的移动台的配置的最大功率；M_{SRS} 是 SRS 物理信号使用的带宽，以分配的资源块数量表示；$P_{O\_PUSCH}(j)$ 与用于 PUSCH 物理信道的功率控制的参数完全相同；对应于一个动态秩序的 $j = 1$ 的索引，$P_{O\_PUSCH}(j)$ 对应于

SIB2 系统信息和 $P_{O\_UE\_PUSCH}(j)$ 由 RRC 消息传输的功率量 $P_{O\_NOMINAL\_PUSCH}(j)$；α 是 SIB2 系统信息传输的参数，它可以取值 $\alpha\in\{0, 0.4, 0.5, 0.4, 0.5, 0.8, 0.9, 1\}$；$PL$ 是移动台计算的传播损耗的评估，PL 一方面是 SIB2 系统信息或 RRC 消息传输的参考信号的功率值，另一方面是参考信号的参考信号接收功率（RSRP）值之间的差值；$f_c(i)$ 是 eNB 实体在格式 0、3、3A 和 4 的 DCI 信息中传输的发射功率控制（Transmit Power Control，TPC）。

版本 10 引入了在 RRC 消息中传送的功率偏置 $P_{SRS\_OFFSET}(m)$：

1）$m=0$ 对应于 SRS 的物理信号的 0 型触发；

2）$m=1$ 对应于 SRS 的物理信号的 1 型触发。

第9章

上行链路物理信道

9.1 PRACH 物理信道

物理随机接入信道（PRACH）包含了在需要进行随机接入时移动台所使用的前导码。随机接入是移动台连接到 eNB 实体的第一步。PRACH 物理信道包含使用不同于其他物理上行链路控制信道（PUCCH）和物理上行链路共享信道（PUSCH）的正交频分复用（OFDM）的信号。

9.1.1 前导码的时域结构

前导码由持续时间为 T_{CP} 的循环前缀（CP）和持续时间内的 T_{SEQ} 序列组成。

序列 T_{SEQ} 的持续时间确定 eNB 实体在接收中收集的能量。

在随机接入过程中，移动台使用零值进行定时提前。

保护间隔使 PRACH 物理信道的接收不会干扰 eNB 实体边缘上的本地移动台的后续子帧（见图9-1）。

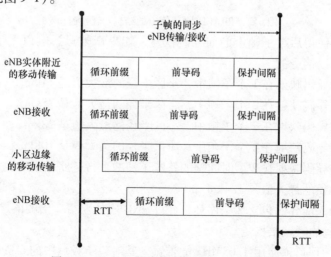

图 9-1 PRACH 物理信道的结构：保护间隔

保护间隔等于最大往返时间（RTT），并确定小区半径的最大值

$$R(km) = 保护间隔(\mu s)/6.6$$

表9-1 给出了不同前导码的格式。

表 9-1 PRACH 物理信道的结构：每个字段的持续时间

格式	循环前缀时间 T_{CP}	序列时间 T_{SEQ}	保护间隔	前导码持续时间
0	$3168T_s$	$24576T_s$	$2976T_s$	1 子帧
1	$21024T_s$	$24576T_s$	$15840T_s$	2 子帧
2	$6240T_s$	$2 \times 24576T_s$	$6048T_s$	2 子帧
3	$21024T_s$	$2 \times 24576T_s$	$21984T_s$	3 子帧
4	$448T_s$	$4096T_s$	$288T_s$	2 符号

注：$T_s = 0.032552\mu s$。

对于位于小区边缘的移动台，eNB 实体的观察窗口使用循环前缀替换窗口外的部分。循环前缀的起始位必须考虑 RTT 持续时间和延迟传播（见图9-2）。

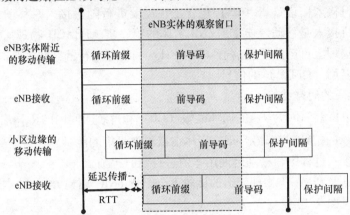

图 9-2 PRACH 物理信道的结构：观察窗口

延迟传播使得后续子帧上的前导码恢复，如果恢复只影响以下子帧的循环前缀，则这是可以接受的。

格式 0 前导码映射在 1 个子帧中，小区半径的最大值是 14km。

格式 1 前导码映射在 2 个子帧中，小区半径的最大值是 75km。

格式 2 前导码映射在 2 个子帧中，小区半径的最大值是 28km。

格式 3 前导码映射在 3 个子帧中，小区半径的最大值是 108km。

格式 4 前导码映射在 2 型时间帧的特殊子帧的上行链路导频时隙（UpPTS）字段中，小区半径的最大值是 1.4km。

格式 2 和 3 前导码包含 2 个序列，允许 eNB 实体获得 2 倍的能量。

9.1.2 前导码的频域结构

PRACH 物理信道使用 1.08MHz 的带宽，其对应于频域中的 6 资源块（RB）。

对于格式 0~3，子载波相隔 1250Hz，PRACH 物理信道是由 864 个子载波组成，其中 839 个是激活的。

PRACH 物理信道的保护频段在一侧是 16.25kHz，13 个子载波，在另一侧是

15kHz，12 个子载波。

对于格式 4，子载波相隔 7500Hz，PRACH 物理信道由 144 个子载波组成，其中 139 个是激活的。

PRACH 物理信道的保护频段在一侧是 22.5kHz，3 个子载波，在另一侧是 15kHz，2 个子载波。

9.1.3 前导码的位置

分配给 PRACH 物理信道的子帧由系统信息块 2（SIB2）传递的参数确定。

9.1.3.1 1 型时间帧

表 9-2 显示了 PRACH 物理信道上子帧的分配。

PRACH 物理信道的位置 n_{PRB}^{RA} 是由偏置 $n_{PRB\ offset}^{RA}$：$n_{PRB}^{RA} = n_{PRB\ offset}^{RA}$ 决定的。

表 9-2 分配给 PRACH 物理信道的子帧的配置：1 型时间帧

索引	前导码格式	数字帧	子帧	索引	前导码格式	数字帧	子帧
0	0	几乎	1	32	2	几乎	1
1	0	几乎	4	33	2	几乎	4
2	0	几乎	7	34	2	几乎	7
3	0	所有	1	35	2	所有	1
4	0	所有	4	36	2	所有	4
5	0	所有	7	37	2	所有	7
6	0	所有	1、6	38	2	所有	1、6
7	0	所有	2、7	39	2	所有	2、7
8	0	所有	3、8	40	2	所有	3、8
9	0	所有	1、4、7	41	2	所有	1、4、7
10	0	所有	2、5、8	42	2	所有	2、5、8
11	0	所有	3、6、9	43	2	所有	3、6、9
12	0	所有	0、2、4、6、8	44	2	所有	0、2、4、6、8
13	0	所有	1、3、5、7、9	45	2	所有	1、3、5、7、9
14	0	所有	所有	46	不适用	不适用	不适用
15	0	几乎	9	47	2	几乎	9
16	1	几乎	1	48	3	几乎	1
17	1	几乎	4	49	3	几乎	4
18	1	几乎	7	50	3	几乎	7
19	1	所有	1	51	3	所有	1
20	1	所有	4	52	3	所有	4
21	1	所有	7	53	3	所有	7
22	1	所有	1、6	54	3	所有	1、6
23	1	所有	2、7	55	3	所有	2、7
24	1	所有	3、8	56	3	所有	3、8
25	1	所有	1、4、7	57	3	所有	1、4、7
26	1	所有	2、5、8	58	3	所有	2、5、8
27	1	所有	3、6、9	59	3	所有	3、6、9
28	1	所有	0、2、4、6、8	60	不适用	不适用	不适用
29	1	所有	1、3、5、7、9	61	不适用	不适用	不适用
30	不适用	不适用	不适用	62	不适用	不适用	不适用
31	1	几乎	9	63	3	几乎	9

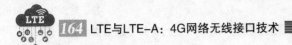

9.1.3.2　2型时间帧

表9-3 显示了 PRACH 物理信道使用的子帧的密度。

表9-3　分配给 PRACH 物理信道的子帧的密度：2 型时间帧

索引	前导码格式	密度	版本	索引	前导码格式	密度	版本
0	0	0.5	0	32	2	0.5	2
1	0	0.5	1	33	2	1	0
2	0	0.5	2	34	2	1	1
3	0	1	0	35	2	2	0
4	0	1	1	36	2	3	0
5	0	1	2	37	2	4	0
6	0	2	0	38	2	5	0
7	0	2	1	39	2	6	0
8	0	2	2	40	3	0.5	0
9	0	3	0	41	3	0.5	1
10	0	3	1	42	3	0.5	2
11	0	3	2	43	3	1	0
12	0	4	0	44	3	1	1
13	0	4	1	45	3	2	0
14	0	4	2	46	3	3	0
15	0	5	0	47	3	4	0
16	0	5	1	48	4	0.5	0
17	0	5	2	49	4	0.5	1
18	0	6	0	50	4	0.5	2
19	0	6	1	51	4	1	0
20	1	0.5	0	52	4	1	1
21	1	0.5	1	53	4	2	0
22	1	0.5	2	54	4	3	0
23	1	1	0	55	4	4	0
24	1	1	1	56	4	5	0
25	1	2	0	57	4	6	0
26	1	3	0	58	不适用	不适用	不适用
27	1	4	0	59	不适用	不适用	不适用
28	1	5	0	60	不适用	不适用	不适用
29	1	6	0	61	不适用	不适用	不适用
30	2	0.5	0	62	不适用	不适用	不适用
31	2	0.5	1	63	不适用	不适用	不适用

参数 $t_{RA}^{(0)}$ 说明 PRACH 物理信道是在所有帧、偶数帧还是奇数帧中传输。

参数值 $t_{RA}^{(0)}$ 取决于 PRACH 物理信道的配置索引。

参数 $t_{RA}^{(2)}$ 显示说明 PRACH 物理信道使用的子帧的数目。

编号从下行链路到上行链路方向的每个换向点开始。

参数值 $t_{RA}^{(2)}$ 取决于 PRACH 物理信道的配置索引。

物理信道的位置 n_{PRB}^{RA} 由以下公式提供：

对于格式 0 ~ 3：

$$n_{PRB}^{RA} = n_{PRB\ offset}^{RA} + 6\left\lfloor\frac{f_{RA}}{2}\right\rfloor,\ 当 f_{RA}\ \mathrm{mod}\ 2 = 0\ 时$$

$$n_{PRB}^{RA} = N_{RB}^{UL} - 6 - n_{PRB\ offset}^{RA} - 6\left\lfloor\frac{f_{RA}}{2}\right\rfloor,\ 其他$$

式中，f_{RA} 是频率资源索引，其值取决于 PRACH 物理信道的配置索引；N_{RB}^{UL} 是上行链路方向的无线信道的带宽，以分配的资源块数表示。

对于格式 4：

$$n_{PRB}^{RA} = 6f_{R},\ 当\left[(n_f\ \mathrm{mod}\ 2)(2 - N_{sp}) + t_{RA}^{(1)}\right]\mathrm{mod}2 = 0\ 时$$

$$n_{PRB}^{RA} = N_{RB}^{UL} - 6(f_{RA} + 1),\ 其他$$

式中，n_f 是时间帧的数量；N_{SP} 是从下行链路到上行链路方向的换向点的数量；$t_{RA}^{(1)}$ 是表示 PRACH 信道是在帧的前半部分（值为零）还是后半部分（值为 1）的一个参数。

参数值 $t_{RA}^{(1)}$ 取决于 PRACH 物理信道的配置索引。

9.1.4 前导码的序列的生成

前导码是由 Zadoff – Chu 序列产生的，对应于以下公式：

$$x_u(n) = \mathrm{e}^{-\mathrm{j}\frac{\pi un(n+1)}{N_{ZC}}},\ 0 \leq n \leq Z_{ZC} - 1$$

式中，N_{ZC} 是 Zadoff – Chu 序列的长度；u 是根的数目。

从 Zadoff – Chu 序列开始，64 正交序列由循环移位 C_v 产生

$$x_{u,v}(n) = x_u\left[(n + C_v)\mathrm{mod}N_{ZC}\right]$$

64 前导码分为两组：

1）伴随争用问题的随机接入过程的组；

2）没有争用问题的随机接入过程的组。

涉及争用问题的过程的组分为两个子组：

1）由移动台传输的数据量低或移动覆盖质量较差的子组；

2）由移动台传输的数据量高且移动覆盖质量好的子组。

9.1.5 功率控制

用于传输 PRACH 物理信道的功率由以下公式定义：

$$P_{PRACH} = \min\{P_{CMAX}, \mathrm{PREAMBLE\_RECEIVED\_TARGET\_POWER} + \mathrm{PL}\}$$

式中，P_{CMAX} 是移动台配置的最大发射功率；PREAMBLE _ RECEIVED _ TARGET _ POWER 是在 eNB 实体层接收的 PRACH 物理信道的功率。

PREAMBLE _ RECEIVED _ TARGET _ POWER = PREAMBLE _ INITIAL _ RE-CEIVED _ TARGET _ POWER + DELTA _ PREAMBLE + （PREAMBLE _ TRANSMIS-SION _ COUNTER － 1） ＊ powerRampingStep

参数 PREAMBLE _ INITIAL _ RECEIVED _ TARGET _ POWER 的值由 SIB2 系统信息或"RRC 连接重置"消息表示。

参数 DELTA _ PREAMBLE 的值取决于前导格式。

参数 PREAMBLE _ TRANSMISSION _ COUNTER 的值在随机接入过程开始时初始值为1，然后没有来自 eNB 实体的响应的情况下以单位增加。

参数 powerRampingStep 的值由 SIB2 系统信息或"RRC 连接重置"消息表示。该参数确定了在 eNB 实体无响应的情况下，PRACH 物理信道的传输功率的增加。

PL 对应于由移动台计算的传播损耗的评估。

9.2 PUCCH 物理信道

物理上行链路控制通道（PUCCH）使用三种格式类型传输上行链路控制信息（UCI）：

1）格式 1、1a 和 1b 传输与调度请求有关的 UCI 信息，以获取物理上行链路共享信道（PUSCH）上的资源，以及物理上行链路共享信道（PUSCH）上的接收数据的肯定 ACK 或否定 NACK 确认，对应于混合自动重传请求（HARQ）机制；

2）格式 2、2a 和 2b 传输与在 PDSCH 物理信道上接收的信号的状态有关的 UCI 信息以及肯定 ACK 或否定 NACK 确认；

3）格式 3 通过适应在版本 10 中引入的载波分量（CC）的聚合来传输与格式 1 相同的信息。

对于版本 8 和 9，只有当移动台不在 PUSCH 物理信道上传输时，PUCCH 物理信道才传输 UCI 信息。

如果移动台在 PUSCH 物理信道上传输，则 UCI 信息将通过上行链路共享通道（UL－SCH）进行复用。

版本 10 引入了 PUCCH 和 PUSCH 物理信道的同步传输。

9.2.1 UCI 信息

调度请求（SR）信息涉及为获取 PUSCH 物理信道的资源的请求。

HARQ 指示（HI）信息涉及在 PDSCH 物理信道上接收的数据的肯定 ACK 或否定 NACK 确认。

信道状态信息（CSI）重新组合与在 PDSCH 物理信道上接收的信号的状态报告相关的信息：

1）信道质量指示（Channel Quality Indicator，CQI）表示为 PDSCH 物理信道推荐的调制和编码方案（MCS）；

2）秩指示（Rank Indictor，RI）确定为 PDSCH 物理信道推荐的空间层数；

3）预编码矩阵指示（PMI）在闭环中使用空间复用的情况下提供与预编码矩阵相关的指示。

9.2.1.1 UCI 信息格式

格式 1 考虑到没有比特传输的 SR 信息，eNB 实体只检测 PUCCH 信道中的能量的存在。

格式 1a 考虑了与 PDSCH 物理信道上接收的传输块的 1bit 肯定 ACK 或否定 NACK 确认相对应的 HI 信息。

格式 1a 可以对 HI 和 SR 信息进行耦合，仅用于频分双工（FDD）模式。

在版本 8 和 9 中，格式 1b 考虑到 HI 信息对应于 PDSCH 物理信道上接收的 2 个传输块的 2bit 肯定 ACK 或否定 NACK 确认。

格式 1b 可以对 HI 和 SR 信息进行耦合。

对于版本 10，格式 1b 考虑对应于两个聚合无线信道在 PDSCH 物理信道上接收的 2 个传输块的 4bit 肯定 ACK 或否定 NACK 确认的 HI 信息。

格式 1b 用于 PUCCH 物理信道的选择被限制为 2bit。

仅对于时分双工（TDD）模式，格式 1b 将考虑对应于 4bit 肯定 ACK 或否定 NACK 确认的 HI 信息。

格式 2 考虑与 PDSCH 物理信道状态相关的 20bit 对应的 CSI 信息。

仅对于 FDD 模式，格式 2a（2b 分别）可以将 CSI 和 HI 信息编码为 1bit（分别编码为 2bit）。

格式 3 考虑了对应于以下内容的 HI 信息：

1）对于 FDD 模式，5 个聚合无线信道，在 PDSCH 物理信道上接收的 2 个传输块的 10bit 肯定 ACK 或否定 NACK 确认；

2）对于 TDD 模式，5 个聚合无线信道，在 PDSCH 物理信道上接收的 2 个传输块的 20bit 肯定 ACK 或否定 NACK 确认。

表 9-4 概括了格式和 UCI 信息的映射。

表 9-4　格式和 UCI 信息的映射

PUCCH 格式	FDD/TDD	正常循环前缀	扩展循环前缀
1	FDD/TDD	SR	
1a	FDD/TDD	1HI	
1a	FDD	1HI + SR	
1b	FDD/TDD	2HI、2HI + SR、2CC 的 4HI，选择 PUCCH 信道	
1b	TDD	4HI，选择 PUCCH 信道	

（续）

PUCCH 格式	FDD/TDD	正常循环前缀	扩展循环前缀
2	FDD/TDD	CSI	CSI、CSI + 2HI
2a	FDD/TDD	CSI + 1HI	不适用
2b	FDD/TDD	CSI + 2HI	
3	FDD	10HI、10HI + SR	
	TDD	20HI、20HI + SR	

9.2.1.2　CSI 报告

CSI 信息的报告可以是周期性的或非周期的。

非周期性报告总是在 PUCCH 物理信道中传输。

在以下两种情况下，周期性报告在 PUCCH 物理信道中传输：

1）在 PUSCH 物理信道中没有为移动台分配资源；

2）将资源分配给移动台，并且 PUCCH 和 PUSCH 物理信道可以同步传输（版本 10）。

否则，周期性报告将在 PUSCH 物理信道中传输。

非周期性报告允许与无线信道的总体带宽或由移动台或 eNB 实体定义的无线信道带宽的一部分有关的 CSI 信息有关的反馈。

非周期性报告的传输由以下消息触发：

1）在物理下行控制信道（PDCCH）中传输的格式 0 或 4 的下行链路控制信息（DCI）；

2）在 PDSCH 物理信道中传输的随机接入响应（RAR）消息。

周期性报告允许与无线信道的总体带宽或仅由 eNB 实体定义的无线信道带宽的一部分相关的 CSI 信息的反馈。

非周期性或周期性报告的传输类型由 RRC 消息"连接设置""连接重置"或"连接重置"传输到移动台。

根据 CQI 和 PMI 信息的返回类型构建报告的传输模式（见表 9-5 和表 9-6）。

表 9-5　非周期性报告的传输模式

		PMI 返回		
		无 PMI	单个 PMI	多个 PMI
返回 CQI	带宽			模式 1 - 2
	UE 子带	模式 2 - 0		模式 2 - 2
	eNB 子带	模式 3 - 0	模式 3 - 1	

9.2.2　格式 1、1a 和 1b

与格式 1、1a 和 1b 的 PUCCH 物理信道相关联的处理总结在图 9-3 中。

表9-6 周期性报告的传输模式

		PMI 返回	
		无 PMI	单个 PMI
返回 CQI	带宽	模式 1 – 0	模式 1 – 1
	eNB 子带	模式 2 – 0	模式 2 – 1

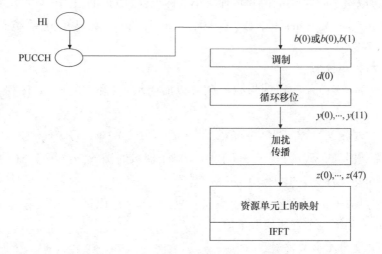

图9-3 与 PUCCH 物理信道相关联的处理：格式 1、1a 和 1b

9.2.2.1 调制

对于格式 1a，HI 信息比特的传输使用二进制相移键控（BPSK）调制来生成一个符号 $d(0)$。

对于格式 1b，2 HI 信息比特的传输使用正交相移键控（QPSK）调制生成一个符号 $d(0)$。

对于格式 1，$d(0)$ 的值等于 1。

9.2.2.2 循环移位

符号 $d(0)$ 乘以一个循环移位序列 $r_{u,v}^{(\alpha)}(n)$，用于生成序列 $y(n)$

$$y(n) = d(0) \cdot r_{u,v}^{(\alpha)}(n), n = 0, 1, \cdots, N_{seq}^{PUCCH} - 1$$

N_{seq}^{PUCCH} 对应于循环移位序列的数目：$N_{seq}^{PUCCH} = 12$

基序列是由以下公式生成的：

$$r_{PUSCH} = r_{u,v}^{(\alpha)}(n) = e^{j\alpha n} \cdot \bar{r}_{u,v}(n)$$

式中，α 是应用于基序列 $\bar{r}_{u,v}(n)$ 的循环移位；可以取 12 个循环移位值；u 是基序列的组数；可以取 30 个值，从 0 ~ 29；v 是组中的基序列的索引，否则，v 将采用单个值 0；n 取 0 和 $N_{seq}^{PUCCH} - 1$ 之间的值，N_{seq}^{PUCCH} 为 PUCCH 物理信号的长度。

基序列 $\bar{r}_{u,v}(n)$ 是由以下公式生成的：

$$\bar{r}_{u,v}(n) = e^{j\phi(n)\pi/4}, 0 \leq n \leq N_{seq}^{PUCCH} - 1$$

式中，$\phi(n)$ 的值取决于基序列 u 的组数。

基序列的组数由以下公式确定：

$$u = [f_{gh}(n_s) + f_{ss}] \bmod 30$$

如果组跳变激活，则 $f_{gh}(n_s)$ 是介于 $0 \sim 29$ 之间的随机数。否则，将取值等于 0。

$f_{gh}(n_s)$ 取决于时隙 n_s 的值和物理层小区标识（PCI）的值。

$f_{ss} = (N_{ID}^{cell} + \Delta_{ss}) \bmod 30$，$\Delta_{ss} \in \{0, 1, \cdots, 29\}$ 值显示在系统信息块 2（SIB2）的消息中。

9.2.2.3　加扰和传播

序列 $y(0)$，$\cdots$，$y(N_{seq}^{PUCCH} - 1)$ 将乘以加扰 $S(n_s)$ 和扩展 $w(m)$ 序列，以获得以下序列：

$$z(m' N_{SF}^{PUCCH} N_{seq}^{PUCCH} + m N_{seq}^{PUCCH} + n) = S(n_s) \cdot w(m) \cdot y(n)$$

对于奇数时隙，$S(n_s)$ 等于 $S(0) = 1$，对于偶数时隙 $S(n_s)$ 等于 $S(1) = e^{j\pi/2}$。$w(m)$ 是一个正交序列，其 $m = 0$，$\cdots$，$N_{SF}^{PUCCH} - 1$。

N_{SF}^{PUCCH} 对应于正交序列比特的数量：$N_{SF}^{PUCCH} = 4m'$ 取两个值，第一个资源块（RB）取 0 值和第二个资源块取 1 值。

9.2.2.4　资源单元上的映射

对于正常循环前缀，两个资源块的资源单元（RE）上的映射总结在图9-4中。

对于扩展循环前缀，不修改分配给 PUCCH 物理信道的符号数。

循环移位序列 $r_{u,v}^{(\alpha)}(n)$ 和正交序列 $w(m)$ 特定于每个移动台，并且它们用于在两个资源块中复用多个移动台。

使用相同资源块的移动台的数量取决于循环移位序列的数量，正交序列的数量固定为 3：

1）12 个循环移位序列允许复用 36 个移动台；

2）6 个循环移位序列允许复用 18 个移动台；

3）4 个循环移位序列允许复用 12 个移动台。

探测参考信号（SRS）参考信号的传输可以抢占子帧的最后一个符号，在这种情况下，应用 3bit 的正交序列，其不修改多路复用的移动台的数量。

9.2.3　格式 2、2a 和 2b

对于格式 2、2a 和 2b，与 PUCCH 物理信道关联的处理在图9-5中概述。

9.2.3.1　CSI 信息的编码

与 PDSCH 物理信道上接收的信号的 CSI 信息相关的信息比特（在编码器的输入端找到）称为 a_0，a_1，a_2，a_3，$\cdots$，a_{A-1}，其中 A 指明要编码的比特数。

在编码器输出端找到的比特称为 b_0，b_1，b_2，b_3，$\cdots$，b_{B-1}，$b_i = \sum\limits_{n=0}^{A-1}(a_n,$

第1个时隙($m'=0$)

$S(0).w(0).y(11)$	$S(0).w(1).y(11)$			$S(0).w(2).y(11)$	$S(0).w(3).y(11)$
$S(0).w(0).y(10)$	$S(0).w(1).y(10)$			$S(0).w(2).y(10)$	$S(0).w(3).y(10)$
$S(0).w(0).y(9)$	$S(0).w(1).y(9)$			$S(0).w(2).y(9)$	$S(0).w(3).y(9)$
$S(0).w(0).y(8)$	$S(0).w(1).y(8)$			$S(0).w(2).y(8)$	$S(0).w(3).y(8)$
$S(0).w(0).y(7)$	$S(0).w(1).y(7)$			$S(0).w(2).y(7)$	$S(0).w(3).y(7)$
$S(0).w(0).y(6)$	$S(0).w(1).y(6)$			$S(0).w(2).y(6)$	$S(0).w(3).y(6)$
$S(0).w(0).y(5)$	$S(0).w(1).y(5)$			$S(0).w(2).y(5)$	$S(0).w(3).y(5)$
$S(0).w(0).y(4)$	$S(0).w(1).y(4)$			$S(0).w(2).y(4)$	$S(0).w(3).y(4)$
$S(0).w(0).y(3)$	$S(0).w(1).y(3)$			$S(0).w(2).y(3)$	$S(0).w(3).y(3)$
$S(0).w(0).y(2)$	$S(0).w(1).y(2)$			$S(0).w(2).y(2)$	$S(0).w(3).y(2)$
$S(0).w(0).y(1)$	$S(0).w(1).y(1)$			$S(0).w(2).y(1)$	$S(0).w(3).y(1)$
$S(0).w(0).y(0)$	$S(0).w(1).y(0)$			$S(0).w(2).y(0)$	$S(0).w(3).y(0)$

DM-RS物理信道

第2个时隙($m'=1$)

$S(1).w(0).y(11)$	$S(1).w(1).y(11)$			$S(1).w(2).y(11)$	$S(1).w(3).y(11)$
$S(1).w(0).y(10)$	$S(1).w(1).y(10)$			$S(1).w(2).y(10)$	$S(1).w(3).y(10)$
$S(1).w(0).y(9)$	$S(1).w(1).y(9)$			$S(1).w(2).y(9)$	$S(1).w(3).y(9)$
$S(1).w(0).y(8)$	$S(1).w(1).y(8)$			$S(1).w(2).y(8)$	$S(1).w(3).y(8)$
$S(1).w(0).y(7)$	$S(1).w(1).y(7)$			$S(1).w(2).y(7)$	$S(1).w(3).y(7)$
$S(1).w(0).y(6)$	$S(1).w(1).y(6)$			$S(1).w(2).y(6)$	$S(1).w(3).y(6)$
$S(1).w(0).y(5)$	$S(1).w(1).y(5)$			$S(1).w(2).y(5)$	$S(1).w(3).y(5)$
$S(1).w(0).y(4)$	$S(1).w(1).y(4)$			$S(1).w(2).y(4)$	$S(1).w(3).y(4)$
$S(1).w(0).y(3)$	$S(1).w(1).y(3)$			$S(1).w(2).y(3)$	$S(1).w(3).y(3)$
$S(1).w(0).y(2)$	$S(1).w(1).y(2)$			$S(1).w(2).y(2)$	$S(1).w(3).y(2)$
$S(1).w(0).y(1)$	$S(1).w(1).y(1)$			$S(1).w(2).y(1)$	$S(1).w(3).y(1)$
$S(1).w(0).y(0)$	$S(1).w(1).y(0)$			$S(1).w(2).y(0)$	$S(1).w(3).y(0)$

DM-RS物理信道

图 9-4 PUCCH 物理信道的映射：格式 1、1a 和 1b

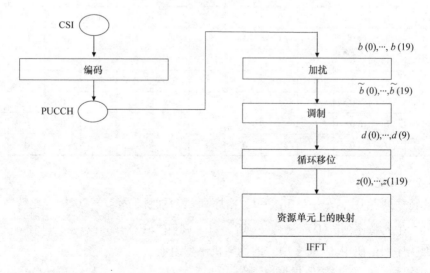

图 9-5 与 PUCCH 物理信道相关联的处理：格式 2、2a 和、2b

$m_{i,n})\mathrm{mod}2$，其索引 $i=0，1，2，\cdots，B-1$，其中 $B=20$，序列 $m_{i,n}$ 在表 9-7 中定义。

对于格式 2a 和 3b，在正常循环前缀的情况下，CSI 和 HI 信息的复用发生在 CSI 信息编码之后，获得 21bit 格式 2a 或 22bit 格式 2b。

对于格式 2，在扩展循环前缀的情况下，CSI 和 HI 信息的复用在 CSI 信息编码之前发生，因此，获得 20bit。

表 9-7　序列 $M_{i,n}$

i	$M_{i,0}$	$M_{i,1}$	$M_{i,2}$	$M_{i,3}$	$M_{i,4}$	$M_{i,5}$	$M_{i,6}$	$M_{i,7}$	$M_{i,8}$	$M_{i,9}$	$M_{i,10}$	$M_{i,11}$	$M_{i,12}$
0	1	1	0	0	0	0	0	0	0	0	1	1	0
1	1	1	1	0	0	0	0	0	0	1	1	1	0
2	1	0	0	1	0	0	1	0	1	1	1	1	1
3	1	0	1	1	0	0	0	0	1	0	1	1	1
4	1	1	1	1	1	0	0	1	0	0	1	1	1
5	1	1	0	0	1	0	1	1	1	0	1	1	1
6	1	0	1	0	1	0	1	0	1	1	1	1	1
7	1	0	0	1	1	0	0	1	1	0	1	1	1
8	1	1	0	1	1	0	1	0	1	0	1	1	1
9	1	0	1	1	1	0	1	0	0	1	1	1	1
10	1	0	1	0	1	1	1	0	1	1	1	1	1
11	1	1	1	0	0	1	1	0	1	0	1	1	1
12	1	1	0	1	0	1	0	0	1	1	1	1	1
13	1	1	0	0	1	1	0	1	0	1	1	1	1
14	1	0	0	0	1	0	0	1	1	0	1	0	1
15	1	1	0	0	0	1	1	1	0	1	1	0	1
16	1	1	0	1	0	0	0	1	1	0	1	0	1
17	1	0	0	1	0	1	0	0	1	0	1	1	1
18	1	0	1	0	1	0	1	1	0	0	0	0	0
19	1	0	0	1	0	0	1	0	0	0	0	0	0

9.2.3.2　加扰

比特序列 $b(0)$，$\cdots$，$b(M_{bit}-1)$ 由序列 $c(i)$ 加扰，$M_{bit}=20$ 指定比特数。

其产生比特序列 $\tilde{b}(0)$，$\cdots$，$\tilde{b}(M_{bit}-1)$，其中 $\tilde{b}(i)=[b(i)+c(i)]\bmod 2$。

加扰序列由使用 31bit 多项式的伪随机序列组成。

加扰序列 c_{init} 的初始值根据以下公式计算：

$$c_{init}=(\lfloor n_s/2 \rfloor +1)(2N_{ID}^{cell}+1)2^{16}+n_{RNTI}$$

式中，n_{RNTI} 是在连接期间分配给移动台的无线网络临时标识符（RNTI）；n_s 是时间帧的时隙的数量；N_{ID}^{cell} 是物理层小区标识（PCI）。

9.2.3.3 调制

对于格式 2、2a 和 2b，序列传输 $\widetilde{b}(0)$，$\cdots$，$\widetilde{b}(M_{bit}-1)$ 使用 QPSK 调制来生成序列 $d(0)$，$\cdots$，$d(M_{symb}-1)$，$M_{symb}=10$。

对于格式 2a，HI 信息比特的传输使用 BPSK 调制在解调参考信号（DM－RS）参考信号中产生第 11 个符号传输。

对于格式 2b，HI 信息比特的传输采用 QPSK 调制在 DM－RS 参考信号中产生第 11 个符号传输。

9.2.3.4 循环移位

序列 $d(0)$，$\cdots$，$d(9)$ 的每个符号乘以一个循环移位序列 $r_{u,v}^{(\alpha)}(n)$ 生成序列 $z(0)$，$\cdots z(119)$

$$z(N_{seq}^{PUCCH} \cdot n + i) = d(n) \cdot r_{u,v}^{(\alpha)}(i)，其中 n = 0,1,\cdots,9；i=0,1,\cdots,N_{sc}^{RB}-1$$

N_{sc}^{RB} 对应于频率域中资源块的子载波数：$N_{sc}^{RB}=12$。

9.2.3.5 资源组件上的映射

两个资源块的资源单元上的映射在图中 9-6 描述。

循环移位序列 $r_{u,v}^{(\alpha)}(n)$ 是特定于每个移动台，并且用于在两个资源块中复用 12 个移动台。

对于格式 2、2a 和 2b，SRS 参考信号不能抢占在 PUCCH 信道中分配的子帧的最后一个符号。

9.2.4 格式 3

与格式 3 的 PUCCH 物理信道相关联的处理总结在图 9-7 中。

9.2.4.1 HI 和 SR 信息的编码

对于格式 3，可以复用 HI 和 SR 信息，使 FDD 模式为 11bit，TDD 模式为 21bit，这些比特被编码生成 48bit。

9.2.4.2 加扰

比特序列 $b(0)$，$\cdots$，$b(M_{bit}-1)$ 由序列 $c(i)$ 加扰，$M_{bit}=48$ 表示比特数。

它会产生比特序列 $\widetilde{b}(0)$，$\cdots$，$\widetilde{b}(M_{bit}-1)$，其中 $\widetilde{b}(i) = [b(i)+c(i)]\mathrm{mod}2$。

加扰序列是由使用 31bit 多项式的伪随机序列构成。

加扰序列的初始值 c_{init} 是从以下公式计算的：

$$c_{init}(\lfloor n_s/2 \rfloor+1)(2N_{ID}^{cell}+1) \cdot 2^{16}+n_{RNTI}$$

9.2.4.3 调制

对于格式 3，序列传输 $\widetilde{b}(0)$，$\cdots$，$\widetilde{b}(M_{bit}-1)$ 使用 QPSK 调制来生成序列 $d(0)$，$\cdots$，$d(M_{symb}-1)$，$M_{symb}=24$。

9.2.4.4 传播和相移

符号序列 $d(0)$，$\cdots$，$d(23)$ 分为两部分，每个部分分配给一个时隙。

每个序列的 12 符号 $d(0)$，$\cdots$，$d(11)$ 或 $d(12)$，$\cdots$，$d(23)$ 重复 5 次，并

第1个时隙

$d(0).r(11)$		$d(1).r(11)$	$d(2).r(11)$	$d(3).r(11)$		$d(4).r(11)$
$d(0).r(10)$		$d(1).r(10)$	$d(2).r(10)$	$d(3).r(10)$		$d(4).r(10)$
$d(0).r(9)$		$d(1).r(9)$	$d(2).r(9)$	$d(3).r(9)$		$d(4).r(9)$
$d(0).r(8)$		$d(1).r(8)$	$d(2).r(8)$	$d(3).r(8)$		$d(4).r(8)$
$d(0).r(7)$		$d(1).r(7)$	$d(2).r(7)$	$d(3).r(7)$		$d(4).r(7)$
$d(0).r(6)$		$d(1).r(6)$	$d(2).r(6)$	$d(3).r(6)$		$d(4).r(6)$
$d(0).r(5)$		$d(1).r(5)$	$d(2).r(5)$	$d(3).r(5)$		$d(4).r(5)$
$d(0).r(4)$		$d(1).r(4)$	$d(2).r(4)$	$d(3).r(4)$		$d(4).r(4)$
$d(0).r(3)$		$d(1).r(3)$	$d(2).r(3)$	$d(3).r(3)$		$d(4).r(3)$
$d(0).r(2)$		$d(1).r(2)$	$d(2).r(2)$	$d(3).r(2)$		$d(4).r(2)$
$d(0).r(1)$		$d(1).r(1)$	$d(2).r(1)$	$d(3).r(1)$		$d(4).r(1)$
$d(0).r(0)$		$d(1).r(0)$	$d(2).r(0)$	$d(3).r(0)$		$d(4).r(0)$

DM-RS 物理信道　　　　　　　　　　　　　　DM-RS 物理信道

第2个时隙

$d(5).r(11)$		$d(6).r(11)$	$d(7).r(11)$	$d(8).r(11)$		$d(9).r(11)$
$d(5).r(10)$		$d(6).r(10)$	$d(7).r(10)$	$d(8).r(10)$		$d(9).r(10)$
$d(5).r(9)$		$d(6).r(9)$	$d(7).r(9)$	$d(8).r(9)$		$d(9).r(9)$
$d(5).r(8)$		$d(6).r(8)$	$d(7).r(8)$	$d(8).r(8)$		$d(9).r(8)$
$d(5).r(7)$		$d(6).r(7)$	$d(7).r(7)$	$d(8).r(7)$		$d(9).r(7)$
$d(5).r(6)$		$d(6).r(6)$	$d(7).r(6)$	$d(8).r(6)$		$d(9).r(6)$
$d(5).r(5)$		$d(6).r(5)$	$d(7).r(5)$	$d(8).r(5)$		$d(9).r(5)$
$d(5).r(4)$		$d(6).r(4)$	$d(7).r(4)$	$d(8).r(4)$		$d(9).r(4)$
$d(5).r(3)$		$d(6).r(3)$	$d(7).r(3)$	$d(8).r(3)$		$d(9).r(3)$
$d(5).r(2)$		$d(6).r(2)$	$d(7).r(2)$	$d(8).r(2)$		$d(9).r(2)$
$d(5).r(1)$		$d(6).r(1)$	$d(7).r(1)$	$d(8).r(1)$		$d(9).r(1)$
$d(5).r(0)$		$d(6).r(0)$	$d(7).r(0)$	$d(8).r(0)$		$d(9).r(0)$

DM-RS 物理信道　　　　　　　　　　　　　　DM-RS 物理信道

图 9-6　PUCCH 物理信道的映射：格式 2、2a 和 2b

将相移 $\mathrm{e}^{\mathrm{j}\pi\lfloor n_{\mathrm{cs}}^{\mathrm{cell}}(n_{\mathrm{s}},l)/64\rfloor/2}$ 应用于每个副本。

$n_{\mathrm{cs}}^{\mathrm{cell}}$ （n_{s}，l）是从伪随机序列生成的值，取决于小区 $N_{\mathrm{ID}}^{\mathrm{cell}}$ 的物理标识、时隙数 n_{s} 和符号数 l。

每个时隙的 5 个副本都乘以特定于时隙的正交 5bit 码，第 1 个时隙的 $w_0(\overline{n})$ 的和第 2 个时隙的 $w_1(\overline{n})$。

$$\overline{n} = n \bmod 5$$

获取序列 $y_n(i)$，其中 i 变体在第 1 个时隙中是从 0～11，在第 2 个时隙中是从 12～23，并且 n 变体从 0～9。

第 1 个时隙 $y_n(i) = w_0(\overline{n}) \cdot \mathrm{e}^{\mathrm{j}\pi\lfloor n_{\mathrm{cs}}^{\mathrm{cell}}(n_{\mathrm{s}},l)/64\rfloor/2} \cdot d(i)$；

第 2 个时隙 $y_n(i) = w_1(\overline{n}) \cdot \mathrm{e}^{\mathrm{j}\pi\lfloor n_{\mathrm{cs}}^{\mathrm{cell}}(n_{\mathrm{s}},l)/64\rfloor/2} \cdot d(i+12)$。

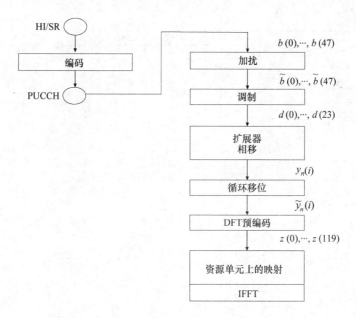

图 9-7 与 PUCCH 物理信道相关联的处理：格式 3

9.2.4.5 循环移位

循环移位应用于序列 $y_n(i)$ 来生成序列 $\tilde{y}_n(i)$，其中 $\tilde{y}_n(i) = y_n\{[i + n_{cs}^{cell}(n_s, l)] \bmod N_{sc}^{RB}\}$。

N_{sc}^{RB} 对应于频域中每个资源块的载波数。

9.2.4.6 预编码

将离散傅里叶变换（Discrete Fourier Transform, DFT）应用于序列 $\tilde{y}_n(i)$ 以生成序列 $z(0), \cdots, z(119)$。

$$z(nN_{sc}^{RB} + k) = \frac{1}{\sqrt{N_{sc}^{RB}}} \sum_{i=0}^{N_{sc}^{RB}-1} \tilde{y}_n(i) e^{-j\frac{2\pi i k}{N_{sc}^{RB}}}$$

$$n = 0, \cdots, 9; k = 0, \cdots, N_{sc}^{RB} - 1$$

9.2.4.7 资源单元上的映射

两个资源块的资源单元上的映射在图 9-8 中描述。

正交序列 $w_0(\bar{n})$ 和 $w_1(\bar{n})$ 特定于每个移动台，并且用于在两个资源块中复用 5 个移动台。

SRS 参考信号的传输可以抢占子帧的最后一个符号，在这种情况下，指定了 4 比特的正交序列，从而减少了 2 个资源块中的复用移动台的数量。

9.2.5 资源块的配置

分配给 PUCCH 物理信道的两个资源块位于：

1）在频域是在无线电信道的两个末端；

n=0		n=1	n=2	n=3		n=4
z(11)		z(23)	z(35)	z(47)		z(59)
z(10)		z(22)	z(34)	z(46)		z(58)
z(9)		z(21)	z(33)	z(45)		z(57)
z(8)		z(20)	z(32)	z(44)		z(56)
z(7)		z(19)	z(31)	z(43)		z(55)
z(6)		z(18)	z(30)	z(42)		z(54)
z(5)		z(17)	z(29)	z(41)		z(53)
z(4)		z(16)	z(28)	z(40)		z(52)
z(3)		z(15)	z(27)	z(39)		z(51)
z(2)		z(14)	z(26)	z(38)		z(50)
z(1)		z(13)	z(25)	z(37)		z(49)
z(0)		z(12)	z(24)	z(36)		z(48)

DM-RS物理信号　　　第1个时隙　　　DM-RS物理信号

n=5		n=6	n=7	n=8		n=9
z(71)		z(83)	z(95)	z(107)		z(119)
z(70)		z(82)	z(94)	z(106)		z(118)
z(69)		z(81)	z(93)	z(105)		z(117)
z(68)		z(80)	z(92)	z(104)		z(116)
z(67)		z(79)	z(91)	z(103)		z(115)
z(66)		z(78)	z(90)	z(102)		z(114)
z(65)		z(77)	z(89)	z(101)		z(113)
z(64)		z(76)	z(88)	z(100)		z(112)
z(63)		z(75)	z(87)	z(99)		z(111)
z(62)		z(74)	z(86)	z(98)		z(110)
z(61)		z(73)	z(85)	z(97)		z(109)
z(60)		z(72)	z(84)	z(96)		z(108)

DM-RS物理信号　　　第2个时隙　　　DM-RS物理信号

图9-8　PUCCH 物理信道的映射：格式3

2）在时域中是在子帧的两个时隙中。

第1个时隙（第2个时隙）位于无线信道的最低频带（最高频率波段）（见图9-9）。

将第一个 PUCCH 物理信道分配给格式2、2a 和2b（见图9-9）。

将下一个 PUCCH 物理信道分配给格式1、1a 和2b（见图9-9）。

在 1 型和 2 型格式之间共享的 PUCCH 物理信道，一方面，在分配给类型 2 的 PUCCH 物理信道之间插入，另一方面，在分配给类型 1 的 PUCCH 物理信道之间插入（见图9-9）。

格式 3 中的 PUCCH 物理信道位于格式 2、2a、2b 中的 PUCCH 物理信道之后（见图9-9）。

不同格式中分配的资源块取决于两个参数：

1）$N_{RB}^{(2)}$ 是在每个时隙中分配给格式 2、2a 和 2b 的资源块数；

2）$N_{cs}^{(1)}$ 是当两个资源块由 1 型和 2 型格式共享时，分配给格式 1、1a 和 1b 的

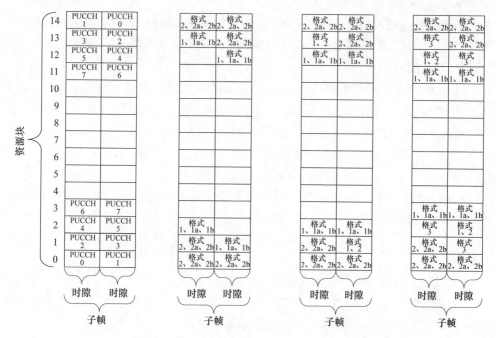

图 9-9 分配给 PUCCH 物理信道的资源块的配置

循环移位序列的数量。

参数 $N_{cs}^{(1)}$ 是参数 Δ_{shift}^{PUCCH} 的倍数，其可以在区间 $\{0, 1, \cdots, 7\}$ 中取值。

参数 $N_{RB}^{(2)}$、$N_{cs}^{(1)}$ 和 Δ_{shift}^{PUCCH} 由 SIB2 信息系统传递。

9.2.6 PUCCH 物理信道的分配

分配给移动台的格式 1、1a 或 1b 的 PUCCH 物理信道由参数 $n_{PUCCH}^{(1)}$ 定位，其计算方法如下：

$$n_{PUCCH}^{(1)} = n_{CCE} + N_{PUCCH}^{(1)}$$

式中，n_{CCE} 是 PDCCH 物理信道的第一信道控制元素（CCE）的数量，其中描述了在 PDSCH 物理信道中分配给移动台的资源；$N_{PUCCH}^{(1)}$ 是在 SIB2 系统信息中传递的参数。

为了传输 SR 调度请求的信息，移动台通过"RRC 连接重置"消息使用参数 $n_{PUCCH}^{(1)}$ 传递给移动台。

在格式 1b 的情况下，必须传输 4 HI 信息，移动台在 4 值 $n_{PUCCH}^{(1)}$ 中定位 PUCCH 物理信道，每个信道都表示肯定应答和否定应答的组合。

分配给移动台的格式 2、2a 或 2b 中的 PUCCH 物理信道由参数 $n_{PUCCH}^{(2)}$ 定位，由"RRC 连接重置"消息传递给移动台。

分配给移动台的格式 3 的 PUCCH 物理信道由参数 $n_{PUCCH}^{(3)}$ 定位，该移动台先前由 RRC 消息配置有一列 4 值 $n_{PUCCH}^{(3)}$。

参数 $n_{PUCCH}^{(3)}$ 通过格式 3 中在 PDCCH 物理信道中传输的 DCI 信息的发射功率控制（TPC）命令分配给移动台，在这种情况下，该命令的解释方式不同。

9.2.7　功率控制

PUCCH 物理信道的平均功率 P_{PUCCH}（以 dBm 表示）由以下公式提供：

$$P_{PUCCH}(i) = \min\left\{P_{CMAX}(i), P_{CALCULATED}(i)\right\}$$

对于 i 子帧，$P_{CMAX}(i)$ 对应于所配置的移动台的最大功率。

$$P_{CALCULATED}(i) = P_{O\_PUCCH} + PL + h(n_{CQI}, n_{HARQ}, n_{SR}) +$$
$$\Delta_{F\_PUCCH}(F) + \Delta_{TxD}(F') + g(i)$$

P_{O_PUCCH} 对应于 eNB 实体针对资源块所接收的用于格式 1、1a 和 1b 中的 PUCCH 物理信道的功率。

P_{O_PUCCH} 对应于由 SIB2 系统信息和 $P_{O\_UE\_PUCCH}(j)$ 通过 RRC 消息通信的功率量 $P_{O\_NOMINAL\_PUCCH}$。

PL 对应于由移动台计算的传播损失的评估。

PL 指的是一方面由 SIB2 系统信息或 RRC 消息传送的参考信号的功率值与另一方面参考信号接收功率（RSRP）的值之间的差。

$h(n_{CQI}, n_{HARQ}, n_{SR})$ 引入的功率偏置取决于在 PUCCH 物理信道中传输的比特数。

$\Delta_{F\_PUCCH}(F)$ 引入的功率偏置取决于 PUCCH 物理信道的格式。

$\Delta_{TxD}(F')$ 对应于在版本 10 中引入的功率偏置，以考虑发射分集。

$g(i)$ 对应于 eNB 实体在格式 1、1A、1B、1D、2、2A、3 和 3A 中的 DCI 信息中传递的功率控制。

9.3　PUSCH 物理信道

物理上行链路共享信道（PUSCH）传输上行链路共享信道（UL-SCH）和上行链路控制信息（UCI）。

UCI 控制信息由 HARQ 指示（HI）、信道质量指示（CQI）、秩指示（RI）和预编码矩阵指示（PMI）组成。

对于版本 8 和 9，不支持同时传输 PUSCH 物理信道和物理上行链路控制信道（PUCCH）。

PUSCH 物理信道中的 UCI 信息传输，一方面是与业务数据传输或无线电资源控制（RRC）信息一起执行，另一方面是对 UCI 信息的非周期性报告的传输。

对于版本 10，支持同时传输 PUSCH 和 PUCCH 物理信道。

当必须传输业务数据或 RRC 控制时，PUCCH 物理信道中的 UCI 信息传输将被维护。

与 PUSCH 物理信道关联的处理总结在图 9-10 中。

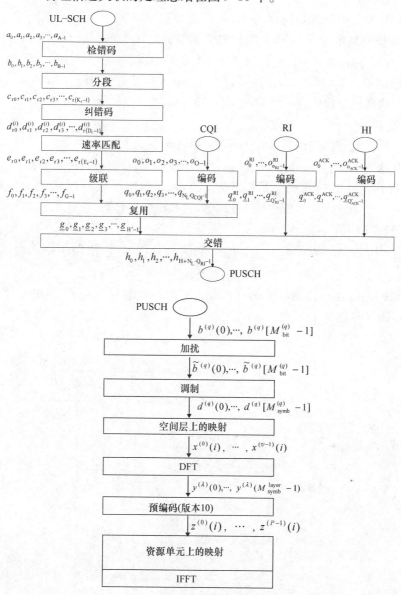

图 9-10 与 PUSCH 物理信道相关联的处理

UL – SCH 传输信道包含与以下消息对应的业务数据（IP 分组）和 RRC 控制：

1）公共或专用的控制消息；

2）非接入层（NAS）信令的传输消息。

对于版本 8 和 9，UL – SCH 传输信道采用传输块的形式。

对于版本 10，UL – SCH 传输信道采用一个或两个传输块的形式。

9.3.1 检错码

错误检测从循环冗余校验（CRC）码获得。

CRC 结构是由生成多项式的块传输除以 a_0，a_1，a_2，a_3，$\cdots$，a_{A-1} 的余部，余数 p_0，p_1，p_2，p_3，$\cdots$，p_{L-1} 由循环冗余比特组成。

传输块 a_0，a_1，a_2，a_3，$\cdots$，a_{A-1} 和 24bit 的循环冗余 p_0，p_1，p_2，p_3，$\cdots$，p_{L-1} 的串联形成分段的输入结构 b_0，b_1，b_2，b_3，$\cdots$，b_{B-1}。

9.3.2 分段

由纠错码处理的块的最大大小等于 6144bit。

如果块 b_0，b_1，b_2，b_3，$\cdots$，b_{B-1} 大于此值，则必须对其进行分段，并且每个段必须有其自己的检错码，其长度等于 24bit，以便形成序列 c_{r0}，c_{r1}，c_{r2}，c_{r3}，$\cdots$，$c_{r(K_r-1)}$，其中 r 和 K_r 分别对应段的数目和段的比特数。

9.3.3 纠错码

在序列 b_0，b_1，b_2，b_3，$\cdots$，b_{B-1} 上执行分段时，错误纠正机制适用于每个段。

纠错码是由并行级联卷积码（PDCCC）和二次置换多项式（QPP）交错构成的 Turbo 码（见图 9-11）。

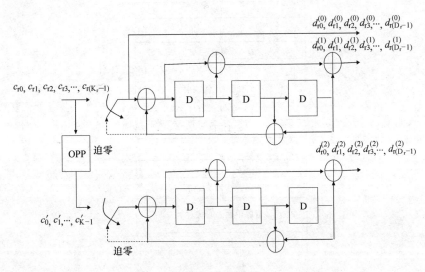

图 9-11　Turbo 码

纠错码生成三个序列 $d_{r0}^{(i)}$，$d_{r1}^{(i)}$，$d_{r2}^{(i)}$，$d_{r3}^{(i)}$，$\cdots$，$d_{r(D_r-1)}^{(i)}$，其中 $i=0$，1 和 2，D_r 对应于序列比特数。

序列 $d_{r0}^{(0)}$，$d_{r1}^{(0)}$，$d_{r2}^{(0)}$，$d_{r3}^{(0)}$，$\cdots$，$d_{r(D_r-1)}^{(0)}$ 等于序列 c_{r0}，c_{r1}，c_{r2}，c_{r3}，$\cdots$，$c_{r(K_r-1)}$。

第一个编码器的输入是数据结构 c_{r0}，c_{r1}，c_{r2}，c_{r3}，$\cdots$，$c_{r(K_r-1)}$。序列 $d_{r0}^{(1)}$，$d_{r1}^{(1)}$，$d_{r2}^{(1)}$，$d_{r3}^{(1)}$，$\cdots$，$d_{r(D_r-1)}^{(1)}$ 从第一个编码器生成。

第二个编码器的输入是 QPP 交错 c'_0，c'_1，$\cdots$，c'_{K-1} 的输出。序列 $d_{r0}^{(2)}$，$d_{r1}^{(2)}$，$d_{r2}^{(2)}$，$d_{r3}^{(2)}$，$\cdots$，$d_{r(D_r-1)}^{(2)}$ 从第二个编码器生成。

9.3.4　速率匹配

传播条件决定保留的编码方案。速率匹配确定具有所需编码速率的序列。

由 turbo 码发出的三个序列被交错，然后存储在循环存储器中。

循环存储比特被选中或用于形成输出序列 e_{r0}，e_{r1}，e_{r2}，e_{r3}，$\cdots$，$e_{r(E_r-1)}$，其中 E_r 对应于序列的比特数。

混合自动重传请求（HARQ）机制与速率匹配的处理相结合。

循环存储器的输出序列从冗余版本（RV）给定的起始位置传输。

不同的冗余版本有助于重新传输选定的数据。

对于软合并机制，重传包含相同的序列。纠错码的改进是由于信噪比的增加。

对于增量冗余机制，重传包含一些不同的序列。由于冗余比特数的增加，纠错码得到改进。

9.3.5　级联

不同的序列 e_{r0}，e_{r1}，e_{r2}，e_{r3}，$\cdots$，$e_{r(E_r-1)}$，其中 $r = 0$，$\cdots$，$c-1$，c 对应于分段的数量，级联形成序列 f_0，f_1，f_2，f_3，$\cdots$，f_{G-1}，其中 G 对应于序列比特的数量。

9.3.6　控制数据的编码

对 HI、RI 和 CQI/PMI 控制信息进行独立的编码。

9.3.6.1　HI 信息编码

HI 信息涉及在物理下行链路共享信道（PDSCH）上接收的数据的肯定 ACK 或否定 NACK 确认。

根据由下行链路共享信道（DL - SCH）生成的传输块的数量，HI 信息由 1bit $[o_0^{ACK}]$ 或 2bit $[o_0^{ACK}\ o_1^{ACK}]$ 组成。

编码比特数取决于用于 PUSCH 物理信道的调制 Q_m 的索引：

1）$Q_m = 2$ 对应于正交相移键控（QPSK）调制；

2）$Q_m = 4$ 对应于 16 正交幅度调制（16QAM）；

3）$Q_m = 6$ 对应于 64QAM 调制。

表 9-8 提供在传输 1bit $[o_0^{ACK}]$ 的情况下的 HI 信息编码。

表 9-9 提供在传输 2bit $[o_0^{ACK}\ o_1^{ACK}]$ 的情况下的 HI 信息编码。

表9-8　HI信息编码：传输1bit

Q_m	编码
2	$\left[\,o_0^{ACK}\quad y\,\right]$
4	$\left[\,o_0^{ACK}\quad y\ x\ x\,\right]$
6	$\left[\,o_0^{ACK}\quad y\ x\ x\ x\ x\,\right]$

表9-9　HI信息编码：传输2bit

Q_m	编码
2	$\left[\,o_0^{ACK}\ o_1^{ACK}\ o_2^{ACK}\ o_0^{ACK}\ o_1^{ACK}\ o_2^{ACK}\,\right]$
4	$\left[\,o_0^{ACK}\ o_1^{ACK}\ x\ x\ o_2^{ACK}\ o_0^{ACK}\ x\ x\ o_1^{ACK}\ o_2^{ACK}\ x\ x\,\right]$
6	$\left[\,o_0^{ACK}\ o_1^{ACK}\ x\ x\ x\ x\ o_2^{ACK}\ o_0^{ACK}\ x\ x\ x\ x\ o_1^{ACK}\ o_2^{ACK}\ x\ x\ x\ x\,\right]$

注：$o_2^{ACK}=(o_0^{ACK}+o_1^{ACK})\bmod 2$。

x 和 y 是用于加扰比特 $[\,o_0^{ACK}\,]$ 或比特 $[\,o_0^{ACK}\ o_1^{ACK}\,]$ 而预留的空间，以便最大限度地提高传输 HI 信息的调制符号的欧几里得距离。

序列 q_0^{ACK}，q_1^{ACK}，q_2^{ACK}，$\cdots$，$q_{Q_{ACK}-1}^{ACK}$ 是多个块的级联，Q_{ACK} 表示比特总数。

对于版本 10，HI 信息的序列 o_0^{ACK}，o_1^{ACK}，$\cdots$，$o_{O^{ACK}-1}^{ACK}$ 由频分双工（FDD）模式的 11bit 组成或时分双工（TDD）模式的 21bit 组成。

如果比特数小于或等于 11，则对 HI 信息的序列 o_0^{ACK}，o_1^{ACK}，$\cdots$，$o_{O^{ACK}-1}^{ACK}$ 进行编码以生成序列 $\widetilde{q}_0^{ACK}$，$\widetilde{q}_1^{ACK}$，$\cdots$，$\widetilde{q}_{31}^{ACK}$，其中 $\widetilde{q}_i^{ACK}=\displaystyle\sum_{n=0}^{o^{ACK}-1}(o_n^{ACK}\cdot M_{i,n})\bmod 2$。

i 取 $0\sim31$ 之间值。

序列值 $M_{i,n}$ 见表9-10。

序列 q_0^{ACK}，q_1^{ACK}，q_2^{ACK}，$\cdots$，$q_{Q_{ACK}-1}^{ACK}$ 是序列 $\widetilde{q}_0^{ACK}$，$\widetilde{q}_1^{ACK}$，$\cdots$，$\widetilde{q}_{31}^{ACK}$ 的循环重复。

表9-10　序列 $M_{i,n}$

I	$M_{i,0}$	$M_{i,1}$	$M_{i,2}$	$M_{i,3}$	$M_{i,4}$	$M_{i,5}$	$M_{i,6}$	$M_{i,7}$	$M_{i,8}$	$M_{i,9}$	$M_{i,10}$
0	1	1	0	0	0	0	0	0	0	0	1
1	1	1	1	0	0	0	0	0	0	1	1
2	1	0	0	1	0	0	1	0	1	1	1
3	1	0	1	1	0	0	0	0	1	0	1
4	1	1	1	1	0	0	0	1	0	0	1
5	1	1	0	0	1	0	1	1	1	0	1
6	1	0	1	0	1	0	1	0	1	1	1
7	1	0	0	1	1	0	0	1	1	0	1
8	1	1	0	1	1	0	0	1	0	1	1
9	1	0	1	1	1	0	1	0	1	0	1
10	1	0	1	0	0	1	1	1	0	1	1
11	1	1	1	0	0	1	1	0	1	0	1
12	1	0	0	1	0	1	0	1	1	1	1
13	1	1	0	1	0	1	0	1	0	1	1
14	1	0	0	0	1	1	0	1	0	0	1

（续）

I	$M_{i,0}$	$M_{i,1}$	$M_{i,2}$	$M_{i,3}$	$M_{i,4}$	$M_{i,5}$	$M_{i,6}$	$M_{i,7}$	$M_{i,8}$	$M_{i,9}$	$M_{i,10}$
15	1	1	0	0	1	1	1	1	0	1	1
16	1	1	1	0	1	1	1	0	0	1	0
17	1	0	0	1	1	0	0	1	0	0	0
18	1	1	0	1	1	1	1	1	0	0	0
19	1	0	0	0	1	0	1	0	0	0	0
20	1	0	1	0	0	0	1	0	0	0	1
21	1	1	0	1	0	0	0	0	0	1	1
22	1	0	0	0	0	0	1	1	0	1	1
23	1	0	0	0	0	0	0	1	1	0	1
24	1	0	1	0	1	0	1	0	1	1	0
25	1	0	1	0	0	1	0	0	1	0	1
26	1	1	0	1	0	1	0	0	1	1	0
27	1	1	1	0	1	0	0	0	1	0	0
28	1	0	1	0	1	0	1	0	1	0	0
29	1	0	1	1	0	0	1	1	1	0	1
30	1	1	1	1	1	1	1	1	1	1	1
31	1	0	0	0	0	0	0	0	0	0	0

如果比特数大于 11，则将序列分为两部分：

o_0^{ACK}, o_1^{ACK}, o_2^{ACK}, $\cdots$, $o_{\lceil O^{ACK}/2 \rceil -1}^{ACK}$ 和 $o_{\lceil O^{ACK}/2 \rceil}^{ACK}$, $o_{\lceil O^{ACK}/2 \rceil +1}^{ACK}$, $o_{\lceil O^{ACK}/2 \rceil +2}^{ACK}$, $\cdots$, $o_{O^{ACK}-1}^{ACK}$

序列 o_0^{ACK}, o_1^{ACK}, $\cdots$, $o_{O^{ACK}-1}^{ACK}$ 的每个部分都编码为生成：

$$\widetilde{q}_i = \sum_{n=0}^{\lceil o^{ACK}/2 \rceil -1} (o_n^{ACK} \cdot M_{i,n}) \bmod 2 \quad \text{和} \quad \widetilde{\widetilde{q}}_i = \sum_{n=0}^{o^{ACK}-\lceil o^{ACK}/2 \rceil -1} (o_{\lceil O^{ACK}/2 \rceil +n}^{ACK} \cdot M_{i,n}) \bmod 2$$

序列 q_0^{ACK}, q_1^{ACK}, q_2^{ACK}, $\cdots$, $q_{Q_{ACK}-1}^{ACK}$ 是序列 $\widetilde{q}_0^{ACK}$, $\widetilde{q}_1^{ACK}$, $\cdots$, $\widetilde{q}_{31}^{ACK}$ 和 $\widetilde{\widetilde{q}}_0^{ACK}$, $\widetilde{\widetilde{q}}_1^{ACK}$, $\cdots$, $\widetilde{\widetilde{q}}_{31}^{ACK}$ 的级联。

在进行复用之前，对序列 q_0^{ACK}, q_1^{ACK}, q_2^{ACK}, $\cdots$, $q_{Q_{ACK}-1}^{ACK}$ 进行矢量化以形成序列向量 $\mathbf{q}_0^{ACK}$, $\mathbf{q}_1^{ACK}$, $\cdots$, $\mathbf{q}_{Q'_{ACK}-1}^{ACK}$, $\mathbf{q}_i^{ACK}$ 对应于列向量和 $Q'_{ACK} = Q_{ACK}/Q_m$。

9.3.6.2 RI 信息的编码

RI 信息决定了为下行物理信道推荐的空间层数。

对于版本 8 和 9，如果空间层的最大数目等于 2，则 RI 信息由 1bit$[o_0^{RI}]$ 组成；如果空间层的最大数目等于 4，则 RI 信息由两比特 $[o_0^{RI}\ o_1^{RI}]$ 组成。

对于版本 10，如果空间层的最大数目等于 8，则 RI 信息由 3bit$[o_0^{RI}\ o_1^{RI}\ o_2^{RI}]$ 组成。

表 9-11 提供在传输 1bit$[o_0^{RI}]$的情况下的 RI 信息编码。

表 9-11   RI 信息编码：1bit 传输

Q_m	编码
2	$[o_0^{RI}\ y]$
4	$[o_0^{RI}\ y\ x\ x]$
6	$[o_0^{RI}\ y\ x\ x\ x\ x]$

表 9-12 提供在传输 2bit$\lfloor o_0^{RI}\ o_1^{RI}\rfloor$或 3bit$\lfloor o_0^{RI}\ o_1^{RI}\ o_2^{RI}\rfloor$的情况下的 RI 信息编码。

表 9-12   RI 信息编码：2bit 传输

Q_m	编码
2	$[o_0^{RI}\ o_1^{RI}\ o_2^{RI}\ o_0^{RI}\ o_1^{RI}\ o_2^{RI}]$
4	$[o_0^{RI}\ o_1^{RI}\ x\ x\ o_2^{RI}\ o_0^{RI}\ x\ x\ o_1^{RI}\ o_2^{RI}\ x\ x]$
6	$[o_0^{RI}\ o_1^{RI}\ x\ x\ x\ x\ o_2^{RI}\ o_0^{RI}\ x\ x\ x\ x\ o_1^{RI}\ o_2^{RI}\ x\ x\ x\ x]$

注：$o_2^{RI} = (o_0^{RI} + o_1^{RI})\ mod2$（版本 8 和版本 9）。

序列 q_0^{RI}，q_1^{RI}，q_2^{RI}，$\cdots$，$q_{Q_{RI}-1}^{RI}$ 是多个编码块的级联，Q_{RI} 表示比特总数。

如果比特数小于或等于 11，则 RI 信息的序列 $[o_0^{RI}\ o_1^{RI},\ \cdots,\ o_{O^{RI}-1}^{RI}]$ 将编码生成序列 $[\widetilde{q}_0^{RI}\ \widetilde{q}_1^{RI},\ \cdots,\ \widetilde{q}_{31}^{RI}]$，其 $\widetilde{q}_i^{RI} = \sum_{n=0}^{O^{RI}-1}(o_n^{RI} \cdot M_{i,n})mod2$。

i 取 0 ~ 31 之间的值。

序列值 $M_{i,n}$ 见表 9-10。

序列 q_0^{RI}，q_1^{RI}，q_2^{RI}，$\cdots$，$q_{Q_{RI}-1}^{RI}$ 是 $\widetilde{q}_0^{RI}\ \widetilde{q}_1^{RI}$，$\cdots$，$\widetilde{q}_{31}^{RI}$ 序列的循环重复。

如果比特数大于 11，则将序列分为两个部分：

o_0^{RI}，o_1^{RI}，o_2^{RI}，$\cdots$，$o_{\lceil O^{RI}/2\rceil-1}^{RI}$ 和 $o_{\lceil O^{RI}/2\rceil}^{RI}$，$o_{\lceil O^{RI}/2\rceil+1}^{RI}$，$o_{\lceil O^{RI}/2\rceil+2}^{RI}$，$\cdots$，$o_{O^{RI}-1}^{RI}$

序列 $[o_0^{RI},\ o_1^{RI},\ \cdots,\ o_{O^{RI}-1}^{RI}]$ 的每个部分都编码来生成

$$\widetilde{q}_i = \sum_{n=0}^{\lceil O^{RI}/2\rceil-1}(o_n^{RI} \cdot M_{i,n})mod2 \text{ 和 } \approx{q}_i = \sum_{n=0}^{O^{RI}-\lceil O^{RI}/2\rceil-1}(o_{\lceil O^{RI}/2\rceil+n}^{RI} \cdot M_{i,n})mod2$$

序列 q_0^{RI}，q_1^{RI}，q_2^{RI}，$\cdots$，$q_{Q_{RI}-1}^{RI}$ 是与 $\widetilde{q}_0^{RI}\ \widetilde{q}_1^{RI}$，$\cdots$，$\widetilde{q}_{31}^{RI}$ 和 $\approx{q}_0^{RI}$，$\approx{q}_1^{RI}$，$\cdots$，$\approx{q}_{31}^{RI}$ 序列的级联。

在进行复用之前，将序列 q_0^{RI}，q_1^{RI}，q_2^{RI}，$\cdots$，$q_{Q_{RI}-1}^{RI}$ 矢量化以形成序列向量 $\underline{q}_0^{RI}$，$\underline{q}_1^{RI}$，$\cdots$，$\underline{q}_{Q'_{RI}-1}^{RI}$，$\underline{q}_i^{RI}$ 对应于列向量和 $Q'_{RI} = Q_{RI}/Q_m$。

9.3.6.3   CQI/PMI 信息的编码

CQI 信息表示为 PDSCH 物理信道推荐的调制和编码方案（MCS）。

在闭环中使用空间复用的情况下，PMI 信息提供了与编码矩阵相关的指示。

编码器输入端的比特序列被写为 o_0，o_1，o_2，o_3，$\cdots$，o_{O-1}，O 对应于序列比

特数。

如果比特数 O 小于或等于 11，则 CQI 信息的序列 o_0，o_1，o_2，o_3，$\cdots$，o_{O-1} 被编码以生成序列 $[\widetilde{q}_0, \widetilde{q}_1, \cdots, \widetilde{q}_{31}]$，其中 $\widetilde{q}_i = \sum_{n=0}^{O-1} (o_n \cdot M_{i,n}) \bmod 2$。

i 取 0 ~ 31 之间的值。

序列值 $M_{i,n}$ 见表 9-10。

如果比特数大于 11，则编码涉及以下操作：

1）从循环冗余码中获取的检错码；

2）从三重卷积码得到的纠错码；

3）速率匹配。

CQI/PMI 信息比特的编码序列，写为 q_0，q_1，q_2，q_3，$\cdots$，$q_{N_L \cdot Q_{CQI}-1}$，是 CQI/PMI 编码信息块的循环重复。

9.3.7 控制和业务数据的复用

源自 CQI/PMI 控制 q_0，q_1，q_2，q_3，$\cdots$，$q_{N_L \cdot Q_{CQI}-1}$ 的数据序列和源自 UL – SCH 传输信道 f_0，f_1，f_2，f_3，$\cdots$，f_{G-1} 的序列复用来生成列向量序列 $\underline{g}_0$，$\underline{g}_1$，$\underline{g}_2$，$\underline{g}_3$，$\cdots$，$\underline{g}_{H'-1}$。

$$H = (G + N_L \cdot Q_{CQI})$$
$$H' = H/(N_L \cdot Q_m)$$

如果 UL – DCH 物理信道由两个传输块组成，则使用最佳调制和编码方案与传输块进行复用。

如果两个块的调制和编码方案相同，则在第一个传输块上进行复用。

9.3.8 交错

交错在 q_0^{ACK}，q_1^{ACK}，$\cdots$，$q_{Q'_{ACK}-1}^{ACK}$，q_0^{RI}，q_1^{RI}，$\cdots$，$q_{Q'_{RI}-1}^{RI}$ 和 $\underline{g}_0$，$\underline{g}_1$，$\underline{g}_2$，$\underline{g}_3$，$\cdots$，$\underline{g}_{H'-1}$ 序列上执行以形成序列 h_0，h_1，h_2，$\cdots$，$h_{H+Q_{RI}-1}$。

9.3.9 加扰

比特序列 $b^{(q)}(0)$，$\cdots$，$b^{(q)}[M_{bit}^{(q)}-1]$ 由序列 $c^q(i)$ 加扰，$M_{bit}^{(q)}$ 指定码字 q 中的比特数。

对于版本 8 和 9，码字 q 的索引等于 0。

对于版本 10，码字的索引值是 0 或 1。

它将产生比特序列 $\widetilde{b}^{(q)}(0)$，$\cdots$，$\widetilde{b}^{(q)}[M_{bit}^{(q)}-1]$，其中 $\widetilde{b}^{(q)}(i) = [b^q(i) + c^q(i)] \bmod 2$，并具有以下限制：

1）如果 $b^{(q)}(i) = x$，则 $\widetilde{b}^{(q)}(i) = 1$；

2）如果 $b^{(q)}(i) = y$，则 $\widetilde{b}^{(q)}(i) = \widetilde{b}^{(q)}(i-1)$。

加扰序列由使用 31bit 多项式的伪随机序列构成。

加扰序列的初始值 c_{init} 根据以下公式计算：

$$c_{\text{init}} = n_{\text{RNTI}} \cdot 2^{14} + q \cdot 2^{13} + \lfloor n_s/2 \rfloor \cdot 2^9 + N_{\text{ID}}^{\text{cell}}$$

式中，n_{RNTI} 是在连接期间分配给移动台的无线网络临时标识（RNTI）；n_s 是时间帧的时隙的数量；$N_{\text{ID}}^{\text{cell}}$ 是物理层小区标识（PCI）。

9.3.10 调制

传播条件决定保留的调制方案：QPSK，16QAM 或 64QAM。

源自于调制的符号序列 $d^{(q)}(0)$，$\cdots$，$d^{(q)}[M_{\text{symb}}^{(q)} - 1]$ 从比特序列 $\tilde{b}^{(q)}(0)$，$\cdots$，$\tilde{b}^{(q)}[M_{\text{bit}}^{(q)} - 1]$ 生成。

9.3.11 空间层上的映射

符号序列 $d^{(q)}(0)$，$\cdots$，$d^{(q)}[M_{\text{symb}}^{(q)} - 1]$ 映射在序列 $x^{(0)}(i)$，$\cdots$，$x^{(v-1)}(i)$ 中，其中 $i = 0$，1，$\cdots$，$M_{\text{symb}}^{\text{layer}} - 1$，$v$ 对应于空间层数，$M_{\text{symb}}^{\text{layer}}$ 对应于每个层的符号数。

对于版本 8 和 9，当使用单个空间层时，将会发生以下关系：$x^{(0)}(i) = d^{(0)}(i)$。

对于版本 10，在使用空间复用时，符号映射在 1~4 个空间层上（见图 9-12 和图 9-13）。

在使用发射分集的情况下，使用单个码字，并且符号映射在 2 个或 4 个空间层上。

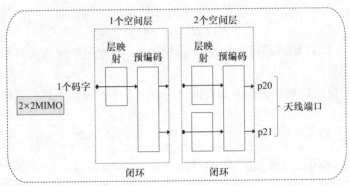

图 9-12　层映射：2×2 MIMO

9.3.12 预编码

对于每个层 $\lambda = 0$，1，$\cdots$，$v-1$，符号序列 $x^{(\lambda)}(0)$，$\cdots$，$x^{(\lambda)}(M_{\text{symb}}^{\text{layer}} - 1)$ 分为 $M_{\text{symb}}^{\text{layer}}/M_{\text{sc}}^{\text{PUSCH}}$ 集，$M_{\text{sc}}^{\text{PUSCH}}$ 对应于该集的子载波数，每个集对应于一个正交频分复用（OFDM）符号。

快速傅里叶变换（FFT）应用于每个集。

$M_{\text{sc}}^{\text{PUSCH}}$ 的大小必须满足以下关系：

$$M_{\text{sc}}^{\text{PUSCH}} = N_{\text{sc}}^{\text{RB}} \times 2^{\alpha_2} \times 3^{\alpha_3} \times 5^{\alpha_5} \leq N_{\text{sc}}^{\text{RB}} \times N_{\text{RB}}^{\text{UL}}$$

式中，$N_{\text{sc}}^{\text{RB}}$ 是频域中每个资源块的子载波数；$N_{\text{RB}}^{\text{UL}}$ 是分配给移动台的资源块数；α_2，

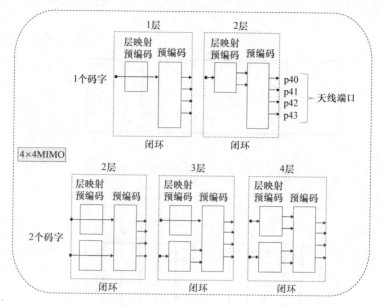

图 9-13　层映射：4×4 MIMO

α_3，α_5 是整数。

符号序列 $y^{(\lambda)}(0),\cdots,y^{(\lambda)}(M_{\text{symb}}^{\text{layer}}-1)$ 从以下公式获得：

$$y^{(\lambda)}(l \cdot M_{\text{sc}}^{\text{PUSCH}} + k) = \frac{1}{\sqrt{M_{\text{sc}}^{\text{PUSCH}}}} \sum_{i=0}^{M_{\text{sc}}^{\text{PUSCH}}-1} x^{(\lambda)}(l \cdot M_{\text{sc}}^{\text{PUSCH}} + i) e^{-j\frac{2\pi ik}{M_{\text{sc}}^{\text{PUSCH}}}}$$

式中，$k=0$，$\cdots$，$M_{\text{sc}}^{\text{PUSCH}}-1$，$k$ 对应于频域中子载波的索引；

$l=0$，$\cdots$，$M_{\text{symb}}^{\text{layer}}/M_{\text{sc}}^{\text{PUSCH}}-1$，$l$ 对应于 OFDM 符号的索引。

对于版本 10，在空间复用的情况下，将对序列 $y^{(0)}(i),\cdots,y^{(v-1)}(i)$ 应用附加预编码，生成符号序列 $z^{(0)}(i)$，$\cdots$，$z^{(P-1)}(i)$，P 对应于天线端口的数目。

9.3.13　资源单元上的映射

资源单元（RE）上的 PUSCH 物理信道的映射如图 9-14 所示。

HI 信息位于解调参考信号（DM‑RS）两侧的 OFDM 符号的末端。

RI 信息位于 HI 信息两侧的 OFDM 符号的末端。

CQI/PMI 信息位于 OFDM 符号的开端，并使用可用的 OFDM 符号集。

9.3.14　资源分配

9.3.14.1　0 型资源分配

资源的 0 型分配在物理下行链路控制信道（PDCCH）中通过格式 0 和 4 的下行链路控制信息（DCI）指示。

资源的 0 型分配将分配一组虚拟资源块（VRB），映射在物理资源块（PRB）上。

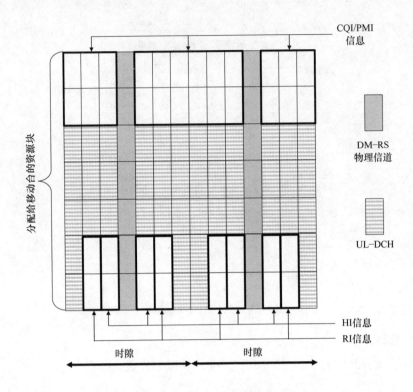

图9-14 PUSCH 物理信号的映射

分配资源时，将使用资源指示值（RIV）参数。其对应于从起始 RB_{start} 的资源块（RB）和到相邻的虚拟资源块的若干 L_{CRB}。

如果 $(L_{CRB} - 1) \leqslant \lfloor N_{RB}^{UL}/2 \rfloor$，则

$$RIV = N_{RB}^{UL}(L_{CRB} - 1) + RB_{start}$$

否则，$RIV = N_{RB}^{UL}(N_{RB}^{UL} - L_{CRB} + 1) + (N_{RB}^{UL} - 1 - RB_{start})$

式中，N_{RB}^{UL} 是无线信道的带宽，以分配的资源块数表示。

9.3.14.2 1 型资源配置

通过格式 0 和 4 中的 DCI 信息在 PDCCH 物理信道中指示资源的 1 型分配。

在版本 10 中引入的资源 1 型分配，便于分配两组相邻的资源块，每组包含一个或多个资源块组（RBG）。

资源块组的大小（P）取决于无线信道的带宽（见表9-13）。

资源的 1 型分配由 4 个索引 s_1、s_2、s_3 和 s_4 定义：

1）s_0 和 $s_1 - 1$ 分别定义第一个集的第一个和最后一个资源块组；

2）s_2 和 $s_3 - 1$ 分别定义第二个集的第一个和最后一个资源块组。

4 个指数在索引 r 中组合，定义为二项式系数的总和：

$$r = \sum_{i=0}^{M-1} \left\langle \begin{matrix} N - s_i \\ M - i \end{matrix} \right\rangle, \text{其中} M = 4, N = \mid N_{RB}^{UL}/P \mid。$$

表9-13 1型资源分配的特性

无线信道	1.4MHz	3MHz	5MHz	10MHz	15MHz	20MHz
N_{RB}^{UL}	6	15	25	50	75	100
P	1	2	2	3	4	4
N	7	9	14	18	20	26

图9-15 描述3MHz带宽无线信道的资源1型分配的示例。

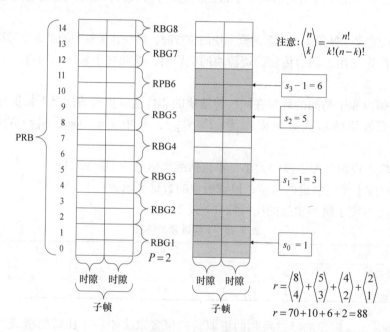

图9-15 1型资源分配

9.3.15 跳频

如果格式0中的DCI信息的跳频标志位设置为1,并且仅用于0型资源分配,则会激活跳频。

根据无线信道带宽,格式0中的DCI信息的字段资源分配包含1或2比特,其值决定了跳频的类型(见表9-14)。

1型跳频是通过固定频率偏置的跳频。

2型跳频是通过预定义模式的跳频。

表 9-14 资源分配字段的比特

无线信道	比特数	值	跳频类型
1.4MHz 3MHz、5MHz	1	0	1 型
		1	2 型
10MHz、15MHz、20MHz	2	00	1 型
		01	
		10	
		11	2 型

9.3.15.1　1 型跳频

1 型跳频在无线电信道的频率子带之间进行，其数目取决于无线电信道的带宽（见表 9-15）。

当分配定义子帧第 1 个时隙的资源块的位置时，跳频在子帧内的第 2 个时隙进行。

当分配定义用于偶数传输的资源块的位置时，跳频在子帧间；对奇数传输进行跳频。

在子帧内和子帧间的跳频在同一传输块的非自适应重传的情况下提供分集。

相邻资源块的最大数量限制为 $\lfloor 2^y / N_{RB}^{UL} \rfloor$，其中 $y = \lceil \log_2 [N_{RB}^{UL}(N_{RB}^{UL}+1)/2] \rceil - N_{UL\_hop}$。

y 对应于资源分配字段的大小，不包括跳频信息的 1bit 或 2bit。

N_{RB}^{UL} 对应于无线信道的带宽，以资源块的数量表示。

N_{UL_hop} 对应于跳频信息的比特数（1 或 2）。

表 9-15　1 型跳频的特征

带宽/MHz	1.4	3	5	10	15	20
子带数	2	2	2	4	4	4
相邻 RB 数	2	4	10	10	13	20

由索引 $\tilde{n}_{PRB}$ 定位的经过跳频的资源块的位置取决于一个比特的值或两个比特的值 N_{UL_hop}（见表 9-16）。

表 9-16　索引 $\tilde{n}_{PRB}$

带宽	N_{UL_hop}	值 N_{UL_hop}	$\tilde{n}_{PRB}$
1.4MHz 3MHz、5MHz	1	0	$(\lfloor N_{RB}^{PUSCH}/2 \rfloor + \tilde{n}_{PRB}^{S1}) \bmod N_{RB}^{PUSCH}$
		1	2 型
10MHz、15MHz、20MHz	2	00	$(\lfloor N_{RB}^{PUSCH}/4 \rfloor + \tilde{n}_{PRB}^{S1}) \bmod N_{RB}^{PUSCH}$
		01	$(-\lfloor N_{RB}^{PUSCH}/4 \rfloor + \tilde{n}_{PRB}^{S1}) \bmod N_{RB}^{PUSCH}$
		10	$(\lfloor N_{RB}^{PUSCH}/2 \rfloor + \tilde{n}_{PRB}^{S1}) \bmod N_{RB}^{PUSCH}$
		11	2 型

N_{RB}^{PUSCH} 对应于分配给 PUSCH 物理信道的资源块的数量。

$\tilde{n}_{PRB}^{S1}$ 对应于 PUSCH 物理信道中未经历跳频的资源块的位置的索引。

图 9-16 描述 3MHz 带宽的 1 型跳频。

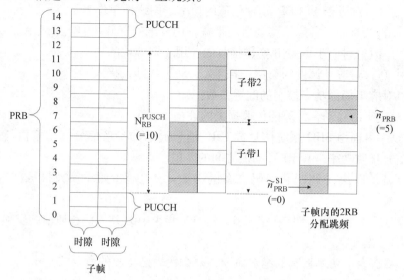

图 9-16　3MHz 带宽的 1 型跳频

9.3.15.2　2 型跳频

2 型跳频在无线信道的频率子带之间执行，其数量可以是 1 ~ 4 的值并且由 "RRC 连接重置" 消息配置。

分配给移动台的最大资源块数取决于子带的数量和分配给 PUSCH 物理信道的资源块的数量。

当配置单个子带时，可以通过子带跳频或镜像效应来实现跳频。

子带跳频包括根据预定义模式更改每个时隙的子带，分配给移动台的资源块的位置与子带保持固定。

镜像效应包括将分配给移动台的资源块相对于无线电信道的中心进行对称定位。

2 型跳频在子帧内、子帧间以及子帧内和子帧间组合可用。

9.3.16　功率控制

PUSCH 物理信道的平均功率 P_{PUSCH}，以 dBm 表示，由以下公式提供：

$P_{PUSCH}(i) = \min\{P_{CMAX}(i), P_{CALCULATED}(i)\}$，在 PUSCH 和 PUCCH 物理信道传输不同步的情况下。

$P_{PUSCH}(i) = 10 \log_{10}\left[\hat{P}_{CMAX}(i) - \hat{P}_{PUCCH}(i)\right]$，在 PUSCH 和 PUCCH 物理信道的传输同步的情况下（版本 10）。

$$P_{\text{CALCULATED}}(i) = 10\log_{10}\left[M_{\text{PUSCH}}(i)\right] + P_{\text{O\_PUSCH}}(j) + \alpha(j) \cdot PL + \Delta_{\text{TF}}(i) + f(i)$$

对于 i 子帧，$P_{\text{CMAX}}(i)$ 对应于所配置的移动台的最大功率。

$\hat{P}_{\text{CMAX}}(i)$ 对应于用线性单位表示的最大功率。

$\hat{P}_{\text{PUCCH}}(i)$ 对应于 PUCCH 物理信道的功率，用线性单位表示。

$M_{\text{PUSCH}}(i)$ 对应于分配给移动台的带宽，用分配的资源块的数量表示。

$P_{\text{O\_PUSCH}}(j)$ 对应于由 eNB 实体接收的、用于资源块的功率。

索引 (j) 对应于调度的类型：半持久、动态或随机接入。

$\alpha(j)$ 对应于局部功率控制的配置参数。

PL 对应于由移动台计算的传播损失的评估。

PL 是一方面由 SIB2 系统信息或 RRC 消息通信的参考信号的功率值与另一方面参考信号接收功率（RSRP）的值之间的差值。

$\Delta_{\text{TF}}(i)$ 是取决于调制和编码方案的参数。此参数的值随调制指数的增加而增大。

$f(i)$ 对应于由 eNB 实体在格式 0、3、3A 和 4 中的 DCI 信息通信的发射功率控制（TPC）。

$f(i)$ 要么表示功率控制的绝对命令，要么代表已接收的命令的累积。

第10章

无线接口过程

10.1 接入控制

10.1.1 PRACH 物理信道采集

接入 eNB 实体的过程被开发用于访问移动台将用于执行随机接入的物理随机接入信道（PRACH）。

移动台为获取 PRACH 物理信道而处理的不同物理信道和物理信号可以在表 10-1 中找到。

表 10-1 PRACH 物理信道的获取

物理信道/信号	参数的获取
PSS	频率同步 时间同步（半帧） 参数 $N_{ID}^{(2)}$
SSS	时间同步（帧） 循环前缀的长度 参数 $N_{ID}^{(1)}$
小区特定 RS	相干解调
PBCH	下行链路方向信道带宽 PHICH 物理信道参数
PCFICH	PDCCH 物理信道的大小
PDCCH	SI - RNTI 标识的检测
PDSCH	SIB1 和 SIB2 系统信息

主同步信号（PSS）促成以下功能：

1）频率同步；

2）在正交频分复用（OFDM）符号、时隙（周期为 0.5ms），子帧（周期为 1ms）和半帧（周期为 5ms）层的时间同步；

3）确定 $N_{ID}^{(2)}$ 数的值。

辅助同步信号（SSS）促成下列功能：

1）帧级的时间同步（周期为10ms）；

2）频分双工（FDD）或时分双工（TDD）模式的确定；

3）循环前缀（CP）类型的确定，正常或扩展；

4）确定 $N_{ID}^{(1)}$ 数的值。

物理层小区标识（PCI）的数量等于 $N_{ID}^{cell} = 3N_{ID}^{(1)} + N_{ID}^{(1)}$。

$N_{ID}^{(1)}$ 表示组数，可以取 $0 \sim 167$ 之间的值，其由 SSS 物理信号决定。

$N_{ID}^{(2)}$ 表示组中的数量，可以是介于 $0 \sim 2$ 之间的值，其由 PSS 物理信号决定。

值 N_{ID}^{cell} 确定小区特定参考信号（RS）在资源单元（RE）上的映射。

小区特定 RS 物理信号用来进行相干信号解调。

在提取分配给小区特定 RS 物理信号的资源单元之后，移动台可以分析传输包含对应于主信息块（MIB）消息的系统信息的广播信道（BCH）的物理广播信道（PBCH）。

MIB 消息提供允许移动台随后分析物理控制格式指示信道（PCFICH）和物理下行链路控制信道（PDCCH）的信息：

1）下行链路方向无线信道的带宽；

2）系统帧数（SFN）；

3）物理 HARQ 指示信道（PHICH）的配置。

对 PSS 和 SSS 物理信号的处理，以及对 PBCH 物理信道的处理与无线电信道的带宽无关。

在提取分配给小区特定 RS 物理信号的资源单元之后，移动台可以分析对于每个子帧定义分配给 PDCCH 物理信道的 OFDM 符号数量的 PCFICH 物理信号。

在提取分配给小区特定 RS 物理信号和 PCFICH 和 PHICH 物理信道的资源单元后，移动台可以分析 PDCCH 的物理信道。

PDCCH 物理信道从系统信息无线网络临时标识（SI－RNTI）的检测中传输的信息有助于恢复物理下行链路共享信道（PDSCH）中包含的系统信息块 1 和 2（SIB1 和 SIB2）消息。

SIB1 消息提供以下信息：

1）上行链路方向无线信道的带宽；

2）2 型时间帧的配置；

3）其他 SIB 系统信息的调度。

SIB2 消息提供与分配给 PRACH 物理信道的无线电资源配置相关的信息。

10.1.2 随机接入

随机接入过程由移动台初始化，并在以下情况下是必需的：

1）在建立与 eNB 实体的联系时；

2）在会话期间更改小区（切换）；

3）在更新定时提前（TA）时；

4）在重新建立与 eNB 实体的连接时。

当移动台选择使用的资源（PRACH 信道、前导码）时，随机接入过程被认为有争用，这发生在连接的建立或重建阶段。

当 eNB 实体提供用于移动台的资源时，随机接入过程被认为是无争用的，这种情况发生在切换或更新时间提前。

10.1.2.1　具有争用的随机接入

在建立或重建 eNB 实体连接期间，具有争用的随机接入过程如图 10-1 所示。

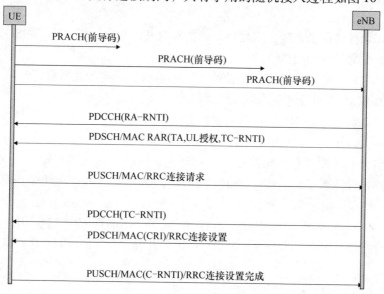

图 10-1　具有争用的随机接入

移动台在 PRACH 物理信道中传输前导码，该前导码在由 eNB 实体在 SIB2 系统信息中传送的列表中随机选择。

在 eNB 实体不响应的情况下，移动台在增加传输功率的同时重传前导码。最大重传次数由 SIB2 系统信息或"RRC 连接重置"消息显示。

争用的风险与几个移动台可以接入相同的 PRACH 物理信道，并使用相同的前导码的事实相关。

当 eNB 实体接收到 PRACH 物理信道时，它计算定时提前并传输到移动台：

1）PDCCH 物理信道中的下行链路控制信息（DCI），格式为 1A 或 1C；

2）移动台从 RA - RNTI 标识恢复 DCI 信息；

3）移动台在 PDSCH 物理信道中恢复其数据类型；

4）随机接入响应（MAC RAR）帧，其中包含前导码的索引、定时提前、用于物理上行链路共享信道（PUSCH）和临时小区 RNTI（TC - RNTI）中传输的资源（UL授权）；

5）由于多个移动台可能会认为这个标识分配给它们，所以这个标识是临时的，从而导致争用。

RA－RNTI标识计算方式如下：

$$RA-RNTI = 1 + t\_id + 10 * f\_id$$

式中，t_id是PRACH物理信道（$0 \leqslant t\_id < 10$）使用的第一个子帧的索引；f_id是频域（$0 \leqslant f\_id < 6$）中PRACH物理信道的索引。

移动台初始化其定时提前，并使用包含以下内容的"RRC连接请求"消息进行响应：

1）如果移动台已连接，则缩短格式的临时移动用户标识（S－TMSI）；

2）相反情况下的随机数。

当eNB实体接收到"RRC连接请求"消息时，它将传输到移动台：

1）PDCCH物理信道中的DCI信息；

2）移动台从TC－RNTI标识恢复信息；

3）移动台在PDSCH物理信道中恢复其数据类型；

4）包含UECRI（争用解决标识）控制元素的报头MAC RAR；

5）此控件元素复制"RRC连接请求"消息的标识，从而解决争用问题；

6）"RRC连接设置"消息。

TC－RNTI临时标识成为分配给移动台的C－RNTI的最终标识。移动台在MAC帧的控制元素中显示其C－RNTI标识，并通过"RRC连接设置完成"消息确认连接。

10.1.2.2 无争用的随机接入

在会话期间更改小区时没有争用的随机接入过程如图10-2所示。

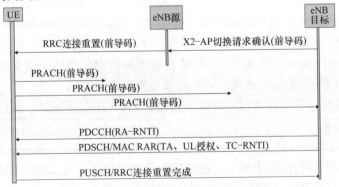

图10-2 在切换的情况下，无争用的随机接入

在基于接口X2的切换过程中，目标eNB实体在消息"X2－AP切换请求ACK"中向源eNB实体提供了无线电接口的特性。

此消息包含信息元素切换命令,其指定移动台在对 eNB 实体的随机接入过程中必须使用的前导码。

源 eNB 实体在"RRC 连接重置"消息中传输信息元素切换命令,该消息将触发移动台的切换。

前面的随机接入过程包括由移动台的前导码和 eNB 实体的 MAC RAR。

当移动台传输"RRC 连接重置完成"消息时,移动台连接完成。

在更新定时提前的过程中,没有争用的随机接入过程如图 10-3 所示。

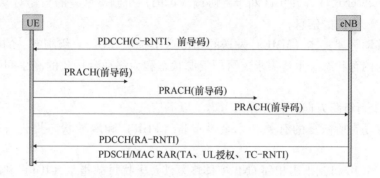

图 10-3 在更新定时提前的情况下,无争用的随机接入

eNB 实体将格式 1A 的 PDCCH 物理信道中的 DCI 信息传输到移动台。

移动台从 C - RNTI 标识恢复信息。

移动台恢复其必须用于 PRACH 物理信道中的前导码传输的资源。

前面的随机接入过程包括移动台的前导码传输和 eNB 实体的 MAC RAR 帧。

当 eNB 实体接收到 MAC RAR 帧的确认时,它可以进行上行链路或下行链路的数据传输。

10.2 数据传输

10.2.1 调度

数据调度是由 eNB 实体执行的操作,其包括向移动台提供资源块(RB)以及控制下行链路和上行链路方向的传输功率。

在时域中,资源的分配对应于 1ms 的传输时间间隔(Transmission Time Interval,TTI)持续时间的子帧,其表示 2 个资源块。

在频域中,eNB 实体可以给移动台多个资源块,每个块对应于 180kHz 的频带,由 12 个间隔 15kHz 的子载波或 24 个间隔 7.5kHz 的子载波的正交频分复用(OFDM)构成。

在空间域中,由于多输入多输出(MIMO)机制,移动台可以同时并在同一频带内接收和传输不同的资源块：

1）在版本 8 中，下行链路方向 2×2MIMO 或 4×4MIMO；

2）在版本 10 中，下行链路方向 8×8MIMO 和上行链路方向 2×2MIMO 或 4×4MIMO。

对于下行链路方向，调度算法考虑了以下信息：

1）移动台从物理下行链路共享信道（PDSCH）接收的信号中恢复的与信道质量指示（CQI）、预编码矩阵指示（PMI）和空间层数有关的信息；

2）相邻 eNB 实体在小区间干扰协调（ICIC）机制下恢复的与相对窄带 Tx 功率（RNTP）有关的信息；

3）移动管理实体（MME）发送的和 QoS 类标识（QCI）级别有关的信息；

4）与内存状态、重传需求、可用资源状态和为移动台构建的测量间隔相关的本地信息。

对于上行链路方向，调度算法考虑了以下信息：

1）移动台所恢复的有关功率余量报告（PHR）和缓冲状态报告（BSR）的信息；

2）在 ICIC 机制下由相邻 eNB 实体恢复涉及干扰过载指示（IOI）和高干扰指示（HII）的信息；

3）由 MME 实体根据移动台类别和 QCI 层恢复的消息；

4）与探测参考信号（SRS）上测量的质量水平、重传需求、可用资源的状态以及为移动台构建的测量间隔有关的本地信息。

调度结果构成在物理下行链路控制信道（PDCCH）中传送的下行链路控制信息（DCI）。

格式 0 和 4 中的 DCI 控制信息有助于在物理上行链路共享信道（PUSCH）中调度数据。

格式 1、1A、1B、1C、1D 和 2、2B、2C 中的 DCI 控制信息有助于 PDSCH 物理信道中的数据调度。

格式 3 中的 DCI 控制信息有助于 PUSCH 物理信道和物理上行链路控制信道（PUCCH）的传输功率控制（TPC）。

资源分配由特定于移动台（C-RNTI、SPS C-RNTI、TPC-RNTI）的无线网络临时标识（RNTI）或一组移动台（P-RNTI、RA-RNTI、TC-RNTI、SI-RNTI）显示。

在频分双工（FDD）模式中，在子帧 n 的 PDCCH 物理信道中用信号通知的用于上行链路方向的资源分配适用于子帧 $n+4$ ms。

在时分双工（TDD）模式中，PDCCH 物理信道中的信令与 PUSCH 物理信道中的传输之间的移位取决于时间帧的配置和 PDCCH 物理信道的子帧数（见表10-2）。

表 10-2 信令和传输之间的移位

时间帧的配置	PDCCH 物理信道的子帧数									
	0	1	2	3	4	5	6	7	8	9
1	–	6	–	–	4	–	6	–	–	4
2	–	–	–	4	–	–	–	4	–	4
3	4	–	–	–	–	–	–	–	4	4
4	–	–	–	–	–	–	–	–	4	4
5	–	–	–	–	–	–	–	–	4	–
6	7	7	–	–	–	7	7	–	–	5

对于时间帧的配置 0，信令和传输之间的移位取决于格式 0 和 4 中的 DCI 组控制信息的两比特上行链路索引的值：

1）在 ONE 处的最高位和在 ZERO 处的最低有效位，表 10-3 提供了该位移；

2）ZERO 的最高位和 ONE 的最低有效位，移位固定为 7 ms；

3）在 ZERO 处的最高有效位和在 ONE 处的最低有效位，移动台可以在先前定义的 2 个子帧中进行发送。

表 10-3 时间帧的配置 0 的移位

时间帧的配置	PDCCH 物理信道的子帧数									
	0	1	2	3	4	5	6	7	8	9
0	4	6	–	–	4	6	–	–	–	–

10.2.2 DRX 功能

非连续接收（DRX）功能决定了移动台必须分析 PDCCH 物理信道的时刻，这使得它可以避免每毫秒处理该信道，并以此方式保持电池的消耗（见图 10-4）。

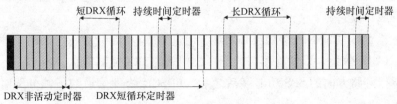

图 10-4 DRX 功能

当移动台在 PDCCH 物理信道上接收数据时，将触发 DRX 非活动定时器。

每次移动台在 PDCCH 物理信道上接收数据时，都会重新初始化该定时器。

当 DRX 非活动定时器过期时，移动台启动一个与 DRX 短循环定时器对应的可选短循环周期。

在短循环内，移动台在与持续时间定时器对应的持续时间内分析 PDCCH 物理信道。

在短循环内，活动周期的触发由以下公式提供：

[（SFN * 10）+（子帧数）]模（短 DRX 循环）=（DRX 起始偏移）模（短 DRX 循环）

当 DRX 短循环定时器过期时，移动台启动长循环周期，其活动周期的触发由以下公式提供：

[（SFN * 10）+（子帧数）]模（长 DRX 循环）=（DRX 起始偏移）

DRX 功能的参数配置在连接的建立或重建的无线电资源控制（RRC）消息中指示。

eNB 实体在媒体访问控制（MAC）帧中使用 DRX 控制元素时指示 DRX 功能的激活。

DRX 重传定时器在预期的混合自动重传请求（HARQ）重传过程中定义了 DRX 功能的非活动周期。

DRX 重传定时器在与 HARQ 重传相关联的往返 HARQ 定时器之后开始。

10.2.3 SPS 功能

半持久调度（SPS）功能应用于具有周期性特征的应用程序，例如每 20ms 生成一个块的语音。

SPS 功能允许 eNB 实体避免在 PDCCH 物理信道中公布 DCI 控制信息。

SPS 功能由 eNB 实体在建立或重建包含以下参数的数据无线承载（DRB）的连接或建立的 RRC 消息中配置：

1）SPS 小区无线电网络临时标识符（SPS C – RNTI）；

2）分配周期，例如每 20 个子帧用于语音的传输；

3）对于下行链路方向，在错误的情况下重传的 HARQ 进程的数量。

在配置 SPS 功能后，eNB 实体将使用在 PDCCH 物理信道中传输的 DCI 控制消息来激活或释放它。

在配置 SPS 功能后，移动台必须继续通过 DRX 功能针对所定义的子帧继续分析 PDCCH 物理信道，以便检测与分配释放相关的 DCI 控制信息。

当下行链路方向的 SPS 功能激活之后，PDSCH 物理信道的子帧分配对应于以下公式：

$$（10 * SFN + 子帧）= [（10 * SFN_{starttime} - 子帧_{starttime}）$$
$$- N^* 半持续调度间隔 DL]模 10240$$

式中，$SFN_{starttime}$ 和子帧$_{starttime}$ 参数是 SPS 功能被激活时的帧和子帧数的值；半持续调度间隔 DL 参数是下行链路方向的资源分配周期。

当上行链路方向的 SPS 功能激活之后，PUSCH 物理信道的子帧分配对应于以下公式：

$$(10 * \text{SFN} + \text{子帧}) = [(10 * \text{SFN}_{\text{starttime}} + \text{子帧}_{\text{starttime}})$$
$$+ N * \text{半持续调度间隔 UL} + \text{Subframe\_Offset}$$
$$* (N \text{模} 2)] \text{模} 10240$$

式中，半持续调度间隔 UL 参数对应于上行链路方向的资源分配周期。

Subframe_Offset 参数是可选的，其值在 FDD 模式下等于 ZERO，而 TDD 模式见表 10-4。

表 10-4　可选参数 Subframe_Offset 的值

子帧的配置	SPS 激活期间的子帧数	Subframe_Offset
0	不适用	0
1	2 和 7	1
	3 和 8	−1
2	2	5
	7	−5
3	2 和 3	1
	4	−2
4	2	1
	3	−1
5	不适用	0
6	不适用	0

10.2.4　HARQ 功能

在发生错误时，重传实施两种机制：

1）RLC 层所阐述的自动重传请求（ARQ）机制；

2）在 MAC 层控制下，在物理层级别建立的混合 ARQ（HARQ）机制。

如果在物理层级别上的重新传输失败，则 ARQ 机制将从 HARQ 机制中接管。

ARQ 机制仅适用于使用无线链路控制（RLC）协议的 AM 模式的业务流和信令流。

另一方面，考虑到其速度，将 HARQ 机制应用于 RLC 协议的 AM 模式和 UM 模式的流。

不同的冗余版本有助于重传选定的数据：

1）对于软合并机制，重传包含相同的调度，纠错码的改进是由于信噪比的增加；

2）对于增量冗余机制，重传包含一些不同的序列，纠错码的改进是由于冗余比特数的增加。

与冗余版本 0（RV0）对应的第一个传输包含要传输的初始数据和由纠错码生成的冗余比特，其数量由编码速率决定

$$编码速率 = N_{seq}/(N_{seq} + N_{red})$$

式中，N_{seq} 是初始数据的比特数；N_{red} 是冗余比特的数目。

HARQ 机制与一个数据单元的窗口一起工作。当传输块传输时，发射器必须等待接收确认，然后发送以下传输块。

这一配置影响了移动台的速率，由于几个 HARQ 并行进程的实施，此限制被消除了。

HARQ 并行进程和重传机制的结合激起了目标所接收的块的解序列。RLC 层保证接收的不同块的重排序。

对于下行链路方向，HARQ 机制是自适应的，因为重传可以修改传输参数。

对于下行链路方向，HARQ 机制是异步的，因为 HARQ 进程传输不受施加的周期限制。

对于上行链路方向，HARQ 机制是自适应或非自适应的。如果重传必须使用相同的初始传输参数，则为非自适应。

对于上行链路方向，HARQ 机制是同步的，因为 HARQ 进程的传输必须按照规定的时间进行。

10.2.4.1 上行链路方向的数据传输

相对于没有 MIMO（模式1）的传输模式，具有 MIMO（模式2）的传输模式，其 HARQ 实体的数量是双倍的，因为上行链路传输中的一个 HARQ 实体被分配给每个传输块：

1）传输模式 1 使用一个传输块；

2）传输模式 2 使用两个传输块。

在载波聚合（CA）的情况下，为每个无线电信道开发一个 HARQ 实体。

对于 FDD 模式，通过 HARQ 实体，HARQ 进程数有固定值：

1）传输模式 1 的值等于 8；

2）传输模式 2 的值等于 16。

图 10-5 描述在 FDD 模式下传输模式 1 的 HARQ 机制。

每个 HARQ 进程的传输时刻是同步的，具有 8ms 的周期性。

物理 HARQ 指示信道（PHICH）在 PUSCH 物理信道中传输数据之后 4ms 传输每个传输块的 HI 指示（ACK 或 NACK 比特）。

在一个 HARQ 进程中，如果一个传输块被确认，则可以在 8ms 传输一个新的传输块。如果未确认传输块，则将在 8ms 以后传输 RV1 冗余版本。

所使用的 HARQ 进程取决于传输块的传输时刻。如果 eNB 实体向移动台分配每毫秒的资源，则移动台系统使用 8 个 HARQ 进程。

对于 TDD 模式，HARQ 实体下的 HARQ 进程数取决于时间帧和传输模式的配置类型（见表 10-5）。

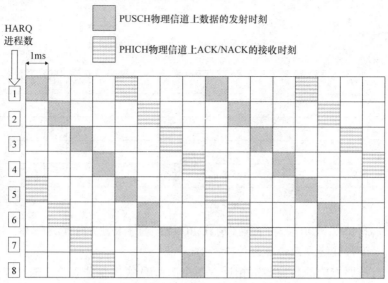

图 10-5 FDD 模式下的 HARQ 功能：上行链路方向的数据传输

表 10-5 TDD 模式下的 HARQ 进程数：上行链路方向的数据传输

时间帧的配置	0	1	2	3	4	5	6
子帧数/上行链路	6	4	2	3	2	1	5
传输模式1	7	4	2	3	2	1	6
传输模式2	14	8	4	3	4	2	12

在表 10-6 中示出了在 PUSCH 物理信道中的块的传输与 PHICH 物理信道中的 HI 指示的接收之间以毫秒给出的移位。

表 10-6 PUSCH 和 PHICH 物理信道之间的移位

时间帧的配置	已接收 HI 的子帧数									
	0	1	2	3	4	5	6	7	8	9
0	7/6	4	–	–	–	7/6	4	–	–	–
1	–	4	–	–	6	–	4	–	–	6
2	–	–	–	6	–	–	–	–	6	–
3	6	–	–	–	–	–	–	–	6	6
4	–	–	–	–	–	–	–	–	6	6
5	–	–	–	–	–	–	–	–	6	–
6	6	4	–	–	–	7	4	–	–	6

图 10-6 描述 TDD 模式中的时间帧配置 1 的 HARQ 机制。

在子帧 2 或 7（分别为子帧 3 或 8）中发送的传输块接收移位为 4ms（分别为 6ms）的 HI 指示。在一个 HARQ 进程中，如果一个传输块被确认，则可以在 10ms 之后传输一个新的传输块。如果未确认传输块，则将在 10ms 之后传输 RV1 冗余版本。

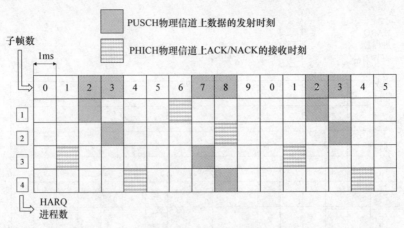

图 10-6　TDD 模式下配置 1 的 HARQ 功能：上行链路方向的数据传输

10.2.4.2　下行链路方向的数据传输

与上行链路方向的数据传输相反，单个 HARQ 实体是独立于传输模式开发的。

在无线电信道聚合的情况下，为每个无线电信道开发一个 HARQ 实体。

由于进程数显示在 DCI 控制信息中，因此开放的 HARQ 进程的数量是不固定的，而是取决于传输需要。

对于 FDD 模式，开放的 HARQ 进程的数量小于或等于 8，只有在 eNB 实体每毫秒将资源分配给移动台时，才会打开 8 个 HARQ 进程。

在 PDSCH 物理信道中传输传输块之后，PUCCH 或 PUSCH 物理信道以 4ms 的移位传输 HI 指示。

在一个 HARQ 进程中，如果确认了传输块，则可以传输新的传输块。如果未确认传输块，则传输 RV1 冗余版本。在这两种情况下，HARQ 进程所使用的时刻不是由上行链路方向的定时而强加的。

对于 TDD 模式，HARQ 实体的 HARQ 进程数取决于时间帧的配置（见表 10-7）。

表 10-7　在 TDD 模式下 HARQ 的进程数：下行链路方向的数据传输

时间帧的配置	0	1	2	3	4	5	6
下行链路方向子帧数	4	6	8	7	8	9	5
HARQ 进程数	≤4	≤7	≤10	≤9	≤12	≤15	≤6

表 10-8 显示了传输模式 1 通过 PUCCH 物理信道中的 HARQ 实体传输的 ACK/NACK 比特数（取决于时间帧的配置）。在传输模式 2 的情况下，指示的值加倍。

表 10-8　在 TDD 模式和传输模式 1 中，将在 PUCCH 物理信道中传输 ACK/NACK 的比特数

时间帧的配置	0	1	2	3	4	5	6
PUCCH 物理信道的子帧数	6	4	2	3	2	1	5
ACK/NACK 比特数	4	6	8	7	8	9	5
通过子帧的比特数	1 或 0	1 或 2	4	2 或 3	4	9	1

在某些情况下，PUCCH 物理信道的容量不足以恢复所有 ACK/NACK 信息：

1）格式 1a 的容量为 1bit；

2）格式 1b 的容量为 2bit 或 4bit。

为了减少比特数，定义了两种方法：

1）从各种 ACK/NACK 信息中的逻辑 AND 执行的耦合：

2）传输块的 NACK 信息涉及重传与之链接的所有传输块；

3）如果子帧生成一个 ACK／NACK 比特，则耦合生成以格式 1a 发送的 1bit；

4）如果子帧生成两个 ACK/NACK 比特，则耦合将生成以格式 1b 发送的 2bit（见图 10-7）；

5）PUCCH 物理信道中的 ACK/NACK 信息的复用；

6）格式 1b 用于传输 4bit 的信息，每个比特对应于由子帧生成的 ACK/NACK 信息；

7）如果子帧生成 2bit，则两个 ACK/NACK 比特由逻辑 AND 链接（见图 10-8）；

8）子帧的传输块的 NACK 信息涉及相同子帧的另一传输块的重传。

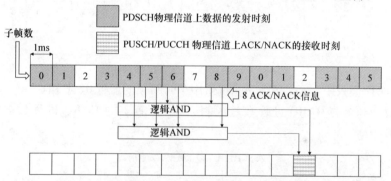

图 10-7 耦合 ACK/NACK 信息：下行链路方向时间帧的配置 2 的数据传输

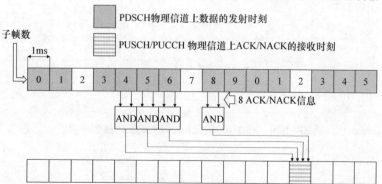

图 10-8 复用 ACK/NACK 信息：下行链路方向时间帧的配置 2 的数据传输

10.2.5 TTI 捆绑功能

像语音这样的实时应用程序对数据包抖动很敏感。RTP 协议有助于校正网络中引入的抖动，最大值为40ms，并且任何抖动大于此值的数据包都将被删除。

HARQ 功能的重传机制 HARQ 功能导致每次重传的数据包抖动增加（如 FDD 模式中为8ms）。在这种情况下，HARQ 机制可能适得其反。

传输时间间隔（TTI）捆绑功能包括在四个连续子帧中发送 4 个冗余版本，而不等待 HI 信息的返回，从而减少抖动的值。相同的调制和编码方案和相同的频带用于 4 个冗余版本的传输。TTI 捆绑功能仅限于上行链路方向的传输。无线信道的聚合不支持 TTI 捆绑功能。

在 FDD 模式下，HARQ 进程的数量减少到 4（见图 10-9）。HI 信息在最后一个冗余版本之后 4ms 传输。如果 HI 信息对应于 NACK，则将以 16ms 的延迟重传 4 个冗余版本。

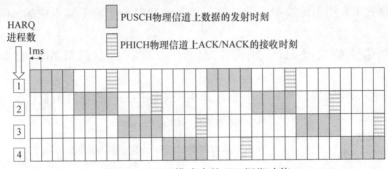

图 10-9　FDD 模式中的 TTI 捆绑功能

在 TDD 模式中，TTI 捆绑功能仅适用于时间帧的配置 0、1 和 6。

配置 0 和 6 的 HARQ 进程数被限制为 3，配置 1 的 HARQ 进程数被限制为 2（见图 10-10）。

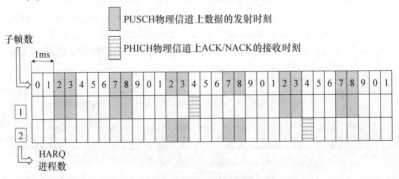

图 10-10　在 TDD 模式下配置 1 的 TTI 捆绑功能

参 考 文 献

技术指标

以下规范描述了 EPS 网络的一般特征：
3GPP TS 23.401
技术规范组服务和系统方面；
通用无线分组业务（GPRS）增强功能，用于演进型通用陆地无线接入网（E-UT-RAN）接入（版本 10）。

MBMS 网络的一般特征在以下规范中描述：
3GPP TS 23.246
技术规范组服务和系统方面；
多媒体广播/多播服务（MBMS）；
体系结构和功能描述（版本 10）。

LCS 网络的一般特征在以下规范中描述：
3GPP TS 23.271
技术规范组服务和系统方面；
位置服务（LCS）的功能阶段 2 描述（版本 10）。

无线电接口的一般特性在以下规范中描述：
3GPP TS 36.300
技术规范组无线电接入网；
演进型通用陆地无线接入（E-UTRA）和演进型通用陆地无线电接入网（E-UT-RAN）；总体描述；第 2 阶段（版本 10）。
3GPP TS 36.306
技术规范组无线电接入网；
演进型通用陆地无线接入（E-UTRA）；
用户设备（UE）无线电访问功能（版本 10）。

NAS 协议的一般特征在以下规范中描述：
3GPP TS 24.301
技术规范组核心网络和终端；
演进分组系统（EPS）的非接入层（NAS）协议；
第 3 阶段（版本 10）。

RRC 协议的一般特征在以下规范描述：
3GPP TS 36.331
技术规范组无线电接入网；
演进型通用陆地无线接入（E – UTRA）
无线电资源控制（RRC）；协议规范（版本 10）。

数据链路层的特征在以下规范中描述：
3GPP TS 36.323
技术规范组无线电接入网；
演进型通用陆地无线接入（E – UTRA）；
分组数据融合协议（PDCP）规范（版本 10）。
3GPP TS 36.322
技术规范组无线电接入网；
演进型通用陆地无线接入（E – UTRA）；
无线电链路控制（PLC）协议规范（版本 10）。
3GPP TS 36.321
技术规范组无线电接入网；
演进型通用陆地无线接入（E – UTRA）；
介质访问控制（MAC）协议规范（版本 10）。

物理层、物理信道和物理信号的特征在以下规范中进行描述：
3GPP TS 36.101
技术规范组无线电接入网；
演进型通用陆地无线接入（E – UTRA）；
用户设备（UE）无线电发送和接收（版本 10）。
3GPP TS 36.211
技术规范组无线电接入网；
演进型通用陆地无线接入（E – UTRA）；
物理信道和调制（版本 10）。
3GPP TS 36.212
技术规范组无线电接入网；

演进型通用陆地无线接入（E – UTRA）；

复用和信道编码（版本 10）。

　　3GPP TS 36. 213

技术规范组无线电接入网；

演进型通用陆地无线接入（E – UTRA）；

物理层规程（版本 10）。

图书

　　读者可以在以下出版物中找到其他信息，这些出版物肯定涵盖相同的主题，但呈现方式有所不同。

JOHNSON C., *Long Term Evolution in Bullets*, Create Space Independent Publishing Platform, 2012.

BOUGUEN Y., HARDOUIN E., WOLFF F.X., *LTE and 4G Networks*, Eyrolles, September 2012.

DAHLMAN E., PARKVALL S., SKÖLD J., *4G LTE/LTE-Advanced for Mobile Broadband*, Elsevier, 2011.

SESIA S., TOUFIK I., BAKER M., *LTE – The UMTS Long Term Evolution: From Theory to Practice*, Wiley, 2009.

COX C., *An Introduction to LTE: LTE, LTE-Advanced, SAE and 4G Mobile Communications*, Wiley, 2012.

RUMNEY M., *LTE and the Evolution to 4G Wireless: Design and Measurement Challenges*, Wiley, 2013.

教程

　　以下教程总结了版本 8、版本 9 和版本 10 中定义的不同特征。

3G Americas – The Mobile Broadband Evolution: 3GPP Release 8 and Beyond – HSPA1, SAE/LTE and LTE-Advanced – February 2009.

4G Americas – MIMO and Smart Antennas for Mobile Broadband Networks – June 2013.

4G Americas – 4G Mobile Broadband Evolution: 3GPP Release 10 and Beyond – HSPA1, SAE/LTE and LTE-Advanced – February 2011.

Rohde & Schwarz – Application Note – UMTS Long Term Evolution (LTE) – Technology Introduction – Gessner C., Roessler A., Kottkamp M. – July 2012.

Rohde & Schwarz – White Paper – LTE-Advanced Technology Introduction Meik Kottkamp – July 2010.

Keysight Technologies – Application Note – LTE-Advanced: Technology and Test Challenges – 3GPP Releases 10, 11, 12 and Beyond.

Agilent Technologies – Application Note – Introducing LTE-Advanced.